韩国人的
餐桌

韩国KBS
《韩国人的餐桌》
制作组 | 著

洪微微 |
［韩］韩亚仁 | 译

华中科技大学出版社
http://www.hustp.com
中国·武汉

图书在版编目（CIP）数据

韩国人的餐桌 / 韩国KBS《韩国人的餐桌》制作组著；洪微微，（韩）韩亚仁译.—武汉：华中科技大学出版社，2019.3

ISBN 978-7-5680-2072-5

Ⅰ.①韩… Ⅱ.①韩… ②洪… ③韩… Ⅲ.①饮食-文化-韩国 Ⅳ.①TS971

中国版本图书馆CIP数据核字（2016）第166379号

湖北省版权局著作权合同登记 图字：17-2016-205号

本书由韩国文学翻译院资助出版 韩国文学翻译院
Literature Translation
Institute of Korea

한국인의 밥상 (Dining Table of Koreans)

By KBS 한국인의 밥상 제작팀

Copyright©2011 by KBS Media

Original Korean edition published by SEEDPAPER Publishing

Simplified Chinese copyright©2016 by Huazhong University of Science and Technology Press Co., Ltd.

Simplified Chinese language edition arranged with SEEDPAPER Publishing

through CREEK & RIVER KOREA Co., Ltd. and CREEK & RIVER SHANGHAI Co., Ltd

韩国人的餐桌 韩国KBS《韩国人的餐桌》制作组 著
Hanguoren de Canzhuo 洪微微 [韩]韩亚仁 译

策划编辑：罗雅琴
责任编辑：李 静
装帧设计：伊 宁
责任校对：北京佳捷真科技发展有限公司
责任监印：徐 露
出版发行：华中科技大学出版社（中国·武汉） 电话：（027）81321913
武汉市东湖新技术开发区华工科技园 邮编：430223
录 排：北京楠竹文化发展有限公司
印 刷：北京富泰印刷有限责任公司
开 本：880mm×1230mm 1/32
印 张：10.375
字 数：231千字
版 次：2019年3月第1版 2019年3月第1次印刷
定 价：56.00元

卷首语

KBS《韩国人的餐桌》，掀开饮食节目的新篇章

《韩国人的餐桌》开播第一集，收视率就跨过了 10% 的大关，简直令人难以置信。

这样一档正儿八经的纪录片在晚间七点半的黄金档期播出，与友台的生活资讯类节目和电视剧竞争，已出乎许多人的意料，而开播十个月，收视率仍稳居 10% 以上的高位，更让许多人大跌眼镜。

不知从何时起，"饮食"成为电视节目的热门题材。各电视台竞相推出美食节目，挂出上过某某电视节目招牌的餐厅也越来越多。节目播出的第二天，上电视的餐厅门口就会大排长龙，让其他餐厅老板看红了眼。于是，众餐厅纷纷以"上电视"为上策。到了周末，人们也喜欢去这些餐厅就餐。可渐渐地，曾经新颖的"美食快报"变得稀松平常，追随节目寻找美食的观众发现，一次又一次的期待只换来一次又一次的失望。他们开始厌倦饮食节目里蜻蜓点水的拍摄、粗糙敷衍的拍摄角度，以及那些竖着大拇指热赞美食的太过夸张的采访。

韩国拥有丰富、科学和悠久的饮食文化，不逊色于世界上

任何一个国家，但以饮食为主题的电视节目却被屏弃于"经典"之外，唯有《面条之路》被誉为不可复制的经典。

《韩国人的餐桌》正因此初衷而诞生。我们秉持科学严谨的态度，试图探索在悠久的五千年历史中，韩国人究竟吃些什么，怎么吃的。

节目制作伊始，我们定下三大主轴：天、地、人。天，记录"锦绣江山"韩国美丽的四季风光；地，拍遍各地的山珍海味；人，采访以精湛厨艺延续了五千年饮食文化的你我身边人。

我们想把《韩国人的餐桌》拍成一部经典的饮食纪录片，以天、地、人为主轴，融入历史、文化、科学、人文等元素。定下这个目标后，在还没有任何头绪的时候，我们就召开了第一次会议，会上大家各抒己见，谈论得天马行空，不过大家一致赞成邀请韩国老牌艺人崔佛岩来担任主持人。崔老师虽年过古稀，仍每周探访韩国各地，坐船、登山，精力旺盛。会后，四位制作人、八位副制作人、作家和辅助作家，开始了忙碌的踩点、采访、拍摄和编辑，通宵工作成了家常便饭，若发现有什么遗漏，便连夜工作后再次驱车到地方重新取材。摄影师还得背着沉重的器材，爬上附近最高的山上去拍摄，只为拍下当地全景。苦苦守候，为的是向观众呈现韩国饮食最美的画面。

每周，各部门齐心协力做好的节目初稿都会送给我审核，以确保节目不偏离初衷。这项工作相当棘手，有时甚至要面临一连串难以定夺的抉择。我们拍的不是当地餐厅，而是要走进私厨；我们要做以往其他的饮食节目从来没做过的尝试；我们要一改成规，让"豆芽"或"黄瓜"也能成为一集节目的主角，拍满一个小时。而我，得让这些尝试有意义，为摄制组树立信心。为此，有时候我不得不大刀阔斧地修改节目内容的编排，甚至大段大段地删除已经剪辑好的片段。现在，我们又有幸出版了这本书，让我油然生出新的感慨。

为什么《韩国人的餐桌》纪录片会受到观众的喜爱？这个我说不好。但可以肯定，不管是看节目的观众还是做节目的摄制组，都在分享几千年来祖先为我们留下的饮食文化遗产，不是简单地消费，而是记录与传承，更是挖掘它在当下的文化价值，我们将之视为不渝的使命。这一点，《韩国人的餐桌》全体摄制组都铭记在心。我们会用心做好每一期节目，愿不辱使命。

KBS《韩国人的餐桌》

责任主编　刘京卓

推荐词

愿能为你开启韩国饮食新世界

《韩国人的餐桌》是一部典型的饮食纪录片，深入浅出地讲述了韩国人与韩国饮食的故事，诠释韩国延续几千年的饮食文化，拍摄画面没有过多的渲染或夸张，采访拍摄都用尽心力。此次集结成书，在节目内容的基础上，又加入了我们在拍摄过程中的所见所闻，包括食物本身、食物背后活生生的故事，以体察先人的智慧与时代精神，来探讨其中的宝贵价值。

摄制组和我走遍了韩国各地，体会到伴随传统消失而产生的苦恼，也感受到期望与自豪，想必能引起读者的共鸣。本书不是单纯地介绍韩国人的餐桌上有什么菜式，而是记录了韩国饮食文化的"寻根"之旅，为探寻韩国饮食文化的发源之本尽一己之力。

书中记录了全国各地的新鲜食材、薪火相传的烹饪方法，以及人们对待食物的态度，这为韩国饮食在现代的发展指明了方向。全书罗列了 30 道看似迥异却同根同源的饮食，希望能帮国人重拾对韩国历史和文化的自豪感，更好地面对美食当道的现代潮流，让"韩国菜全球化"不再只是一句空泛的口号。我盼望，这本书可以成为引玉之砖，带领读者重新认识一日三见的"餐桌"，叩启饮食新世界的大门。

演员　崔佛岩

目录

时代的味道

故乡的味道

山高自有路行，
水深自有船渡，
顺天应地，
则人和百业旺。

瘠地勤耕，便可果腹，
撒网不懈，何惧风高浪险，
欣受大自然的试炼，
不怨不弃。

餐桌忠实记录着
生我养我的故乡。

筏桥泥蚶

——凝缩滩涂精华的美味

全罗南道　　　　　筏桥　　　　　丽水

◉

深可及膝的松软滩涂内，
藏着大自然的厚礼，泥蚶，
那粗朴的外貌与苦难人生如此相似。

沟纹深邃，恰似人生枷锁，
年轮凹陷，镌刻生命无常。
为潮起潮落间讨生活的筏桥人
无声代言。
饥荒时充饥的泥蚶粥、
供祖的宝贵粒蚶，
在记忆深处散发浓浓的海腥味。

幼时不愿剪甲，
待得煮泥蚶时剥壳食蚶，
黑硬的蚶壳，
封存了旧时回忆。

滩涂里深埋的野生泥蚶登上餐桌，
延绵了数百年的生命，
每一餐都弥足珍贵。

◉

● 泥蚶，全罗南道供桌上的重头戏

全罗南道宝城郡的筏桥邑地方虽不大，名气却不小。一提到"筏桥"，韩国人就会想到"泥蚶"。有句老话说"久病厌食，仍喜泥蚶"，足见筏桥泥蚶的魅力。

每到祭祀的日子，灯火彻夜通明，人们心怀虔敬，精心制作各种食物供奉祖先。筏桥人以泥蚶祭祖，供桌上少不了去壳泥蚶浓汤和汆泥蚶。在全罗南道，泥蚶是重要的祭品，供桌上如果缺了泥蚶，会被视为祭祖不诚。亲戚齐聚时，常半开玩笑地说"会抓又会煮泥蚶的女人才是好媳妇"。筏桥人对泥蚶有着格外深厚的感情。

用珍珠舟（图左）和筛网（图右）捕捞泥蚶的渔村女

每年的 11 月到来年 3 月是泥蚶的盛产季。农历十五一过，上午九点开始退潮，渔民穿上厚实的布袜，套上橡胶手套，戴上大遮阳帽，像上战场一样全副"武装"，接着登上"泥舟"，也叫作"珍珠舟"，驶往滩涂地。"泥舟"其实是块厚实的木板，长约 3 米，和筏桥泥蚶一样有名。渔民单腿跪在泥舟上，另一腿划泥前行，得划上半个多小时，找准位置开始挖蚶。他们手持筛网，使足全力往泥里戳，藏在 10 厘米深处的泥蚶拥进网里，相互碰撞着，发出咔拉咔拉声。这时一提网，就能捞起满兜的泥蚶。在泥滩里，每前进一步都要使出浑身的力气，没有数十年滩涂捕捞的经验，绝难胜任这番"苦役"。

韩国人认为，"去筏桥"等同于"去买泥蚶"之意，为什么筏桥的泥蚶这么有名呢？

泥蚶栖息于中国浙江省温州乐清港湾一带、日本石川县滩涂一带以及韩国南海岸与筏桥、康津、高兴等地。过去，韩国西海岸与南海岸都盛产泥蚶，但由于近年来西海岸围海造田，泥蚶失去栖身之地，如今只剩南海岸的筏桥和长兴等全罗南道沿海地区才能见到泥蚶。筏桥汝自湾生长着大片芦苇，阻挡了污染源，形成清净海域，优质泥蚶得以幸存。目前，筏桥泥蚶的产量占全韩国 70% 左右，达到 3,500 多吨。

筏桥供桌上的一碗泥蚶，上面摆着筷子

掰开熟泥蚶的壳，红色蚶肉附在一边的壳内

"充斥筏桥各个小港口的泥蚶，是那片广阔、黏稠的滩涂地里的特产，没有一个筏桥女人不会做凉拌泥蚶。" ——赵廷来《太白山脉》[1]

泥蚶产量逐年减少，让人叹息。最近十几年已经找不到野生蚶苗，养蚶的渔民面临巨大困境。康津研究所为了解决渔民的难处，全力研究人工育苗。第一批实验养殖已经成功，今年冬天可以收获。普及人工蚶苗只不过是研究所的短期目标，而泥蚶在高温条件下也能生长，可应对地球温室化效应，具有长远的研究价值。

● 泥蚶的种类和年轮

提到泥蚶，一般人只知道是滩涂里黑乎乎的贝类。其实泥蚶还分三种，浅滩的粒蚶、内滩的毛蚶，以及深滩的血蚶。三种蚶外形相似，只在大小和蚶壳沟纹上略有区别。生长于无沙滩涂中的泥蚶为上等，从蚶壳颜色即可辨别优劣，纹路又深又黑的是粒蚶，等级最高，是供桌上最常见的；毛蚶壳白，个头又小，当地人认为它像首尔的城里人，称毛蚶为"狗蚶"或"屎蚶"，以示不屑。

粒蚶　　　　　　　毛蚶　　　　　　　血蚶

① 赵廷来：韩国现代小说家，生于1943年，著作有大河小说《太白山脉》《阿里郎》《汉江》等。

树有年轮，蚶壳上也有记录年龄的"年轮"。所谓"年轮"，其实是生长线，泥蚶春夏秋生长，冬天停滞，蚶壳上形成自然的纹线。生长线间隔很窄就说明这条蚶几乎都在休眠，没怎么生长。

● 红色汤汁的秘密

掰开蚶壳，会看见红色的血，这是泥蚶区别于其他贝类的特别之处。它含有和人类血液中一样的血红蛋白成分，因此看起来是红的。一般人只知道菠菜和淡菜中含血红蛋白，事实上泥蚶的血红蛋白含量比它们高得多。

古人是如何描述泥蚶功效的呢？朝鲜时期的药学巨著《东医宝鉴》中提到，泥蚶健脾胃、助消化、补元气，蚶壳还能祛痰。

"性温，味甘无毒，通五脏六腑，健胃助消，治疗因寒生痃癖，除血块，祛淤痰。"
　　　　　　　　　　　　　　　　　　　　　　——《东医宝鉴》

蚶壳在传统医学中称"瓦楞子"，能消除水肿，如果身体困乏或者晨起困难，可将蚶壳煎服。蚶肉能补充精血，对糖尿病人有益，还能活肠胃，助消化，滋阴壮阳，尤其能补充女性子宫内的血液。[①]

---

① 本书所涉及的所有食材的药效，仅供参考。如有需要，请在医生指导下食用。

● 宴客的酱拌泥蚶

酱拌泥蚶是在泥蚶中加入酱料调拌而成，不仅让喜欢泥蚶原味的客人觉得特别，也能体现主人考虑到客人可能不习惯吃血蚶的周到，特别适合于招待客人。这道菜做起来并不麻烦。

【凉拌生泥蚶】
1. 汆烫泥蚶；
2. 把汆好的蚶肉放入米酒、醋、青梅、辣椒酱调成的酱料中；
3. 拌入切成合适大小的新鲜水芹菜、大葱、洋葱等配菜。

【泥蚶酱】
1. 汆烫泥蚶；
2. 在汆好的蚶肉中依次放入酱油、蒜蓉、辣椒粉、葱末；
3. 用勺子拌匀。

● 美味泥蚶的秘诀

汆泥蚶之前不用吐沙。先烧旺灶火，在灶上放大铁锅，烧一锅水，煮沸后浇一瓢凉水，稍稍降温，把洗好的泥蚶放进水里，拿大铲子朝一个方向不停地搅拌，这样最能煮出泥蚶的美味。待铁锅里的水再次沸腾，马上捞出泥蚶，整个过程最多只要三分钟。

"不需任何调料，泥蚶本身也很下饭，稍咸、耐嚼、有点辣，又带些土腥味，尤其适宜下酒。"
——赵廷来《太白山脉》①

① 《太白山脉》以1948~1950年朝鲜半岛的悲怆历史为背景，讲述了筏桥地区一家人在南北方拉锯战中的悲惨遭遇。1994年被改编为同名电影。

● 日本殖民时期的筏桥

筏桥曾经与光州、木浦并称全罗南道三大城市，但在日本殖民时期遭受了入侵日军的大肆掠夺。20世纪30年代，连接庆尚道与全罗道的庆全线开通，带动筏桥发展成为新兴商业城市，筏桥进入全盛时期。日本殖民时期，连接海洋和大陆的筏桥被日本人相中，作为掠夺全罗南道农水产品的根据地。当地农作物被一扫而光，筏桥人只得吃泥蚶来填饱肚子。后来，连赖以生存的滩涂地也被日军以"围海造田"的理由占领，当地人生活得更加悲惨。整整三十六年日本殖民时期的艰难辛苦，至今留在筏桥人的记忆中。

筏桥泥蚶不需要吐沙

● 《太白山脉》和泥蚶

承载了许多伤痛的筏桥，还是韩国著名小说《太白山脉》的背景地，作者赵廷来在这里度过了他的童年。可以说，筏桥和筏桥的泥蚶借由此书而广为人知。作者将泥蚶作为小说的主要素材，一来强化了小说的真实感，二来这些食物更容易获得读者共鸣。泥蚶生长在筏桥和顺天湾高兴一带的大片深可没膝的滩涂地中，将它写进小说人物的生活里，平实而又自然，既彰显了筏桥的地域性，又寄托了作家的思想情感。

关于泥蚶的名字还有个有趣的小故事。泥蚶在韩语中叫"Ggomak"。《太白山脉》出版时，韩语字典中泥蚶读作"Gomak"，所以出版社总编要求赵廷来把书中所有的"Ggomak"都改成"Gomak"。但赵廷来坚持，字典未必正确，泥蚶既然是筏桥当地特产，应该以筏桥方言作为标准，坚持使用"Ggomak"一词。于是，书中的泥蚶正式定为"Ggomak"，后来连字典也跟着改了，"Ggomak"反而成了标准语。这个改变证明了地方语言的强大影响力，这个故事至今为人津津乐道。

黄桥益的味觉专栏

——— 泥蚶，富含血红蛋白的香浓美味 ———

早在人类文明出现之前，漫长的岁月里，原始人与动物别无二致，火尚未出现之时，人亦皆吃生食。彼时，原始人也许会垂涎生肉上的血腥，如肉食动物循着血腥味追击猎物一般，他们可能认为血的味道才香浓诱人。

如果说吃毛蚶是为了品尝甘美耐嚼的蚶肉，那么吃粒蚶绝对是为了品尝蚶肉上的红血，还有血蚶也是如此。粒蚶鲜红的血，源于其他贝类不具备的血红蛋白。

生蚶肉色殷红，煮熟后转为暗红。要想品尝粒蚶的真正美味，一定要吃稍稍汆过的蚶肉，上面血迹未干。或许对于人类，咸腥的海水味加上血腥味，才是最熟悉的美味。吃粒蚶时，身体里原始人的本能迸发，一把抓过半熟的泥蚶，掰开蚶壳，吞下蚶肉，再吮一口手上的红色血汁，才算真正品尝到泥蚶的美味。

黑山岛洪鱼脍

——地道南部风味

黑山岛

全罗南道

◉

"天寒好啖洪鱼脍"，
越冷，洪鱼脍越受欢迎。

数九寒天，北风刺骨，渔船归航，
唯独黑山岛渔船扬帆出海。
通宵作业后，
只见冰冷海浪下支零破碎的船头，
和船内不抵困倦睡倒的渔人。

顾不及端详孩儿的脸庞，
渔人把奔忙的苦涩融进洪鱼脍里，
成就了洪鱼脍的销魂蚀骨。

生于不毛之地的百般艰辛
化成了洪鱼脍。
贫苦却又温暖的故乡，
尘封层层叠叠的回忆，
那里有怀念和等待的千般滋味。

◉

● 地狱般的气味，天堂般的美味

寒风凛冽，黑山岛前海的鳐鱼便翻腾开来。鳐鱼做成的洪鱼脍兼备了来自地狱的气味和来自天堂的美味。到了冻得鼻尖红紫的季节，洪鱼脍最受欢迎。它虽如外星生物般其貌不扬，且味道腥臭刺鼻，但一入口，浓郁的味道直冲鼻腔，哗地一下在口中四射开来，如此特殊的风味，绝无任何一种食物能够比拟。这般特殊的食物是如何上了韩国人的餐桌呢？

冰天冻地的季节，当别处的渔船在渔港里动弹不得时，黑山岛渔民却一刻也不得闲。错过这个时期，相当于种田的农民错过了农时。渔民甚至顾不上看一眼海上的天气，就匆匆做好捕捞鳐鱼的准备直接出海。即使明明听到了风浪警报，看到海上波涛汹涌，渔民也不会退缩。因为，这正是捕鳐鱼的好时机。

捕鳐鱼的关键在于找到它们出没的地方。茫茫大海中找鳐鱼可谓大海捞针，对于栖息于大海底层的鳐鱼，鱼群探测器毫无用武之地，全凭渔人的经验。在海上航行不一会儿，船长一声令下，船员便有条不紊地抛出捕鱼工具。捕鳐鱼用的是一种特殊的工具"捕子"，满满一箩筐的渔网上钩着500来个鱼钩，不用鱼饵，在网上挂上重重的石块，让渔网一直沉到海底。紧贴海底游弋的鳐鱼经过时就会被渔网钩住。

当海水水温达到最低点时，鳐鱼会游到岸边产卵，这也是它最美味的时节。冬季捕鱼比平常要辛苦上好几倍，但捕鳐鱼的渔船绝不退缩，因为鳐鱼的季节性很强，从渔获量上也能看出明显的季节差异，主要出产鳐鱼的大青岛和黑山岛1月份的渔获量是 5 月份的两倍，上钩的鳐鱼也有明显的性别差异。其中，超过 8 公斤的母鱼是渔民的"宝贝"。

鳐鱼主要栖息于南美、北美沿岸，以及日本和东南亚沿海。智利产鳐鱼身上鳞片是黑色的，黑山岛鳐鱼却闪着红色磷光，肉质也更筋道、更黏糯。不论公母，其口味都远胜过进口鳐鱼。

鳐鱼肝的美味堪称一绝，凡吃过的人都会爱上那入口即化、绵密细滑的口感。它身上像石板屋的屋顶一样硬邦邦的"翅膀"也别有风味。鱼鳃最获饕客盛赞，但处理起来也最麻烦，把鱼鳃的软骨和硬骨混在一起吃，其味极佳。

赶着去捕鱼的黑山岛渔船

● 曳里港鳐鱼竞拍

鳐鱼盛产之时正是一年中最寒冷的季节，也是曳里港一年中最热闹的时候。清晨，渔船卸货，鳐鱼堆在码头上，仿佛给港口铺上了一层菱形的垫子。鳐鱼按公母、重量划分等级，母的比公的贵，大的比小的贵。每条鱼的身上印上条形码，标明原产地、重量、甄选过程、日期等，相当于颁发证书，证明这些鳐鱼产自黑山岛。这是由于进口鳐鱼充斥市场，黑山岛才开始使用条形码来做标识。

鳐鱼价格向来居高不下，而且会每日不同，这要根据当天的渔获量而定。一条黑山岛的母鳐鱼有时甚至能卖出数十万韩元的天价，称为"寸鱼寸金"也不为过。

● 上瘾的秘密，洪鱼脍的美味和功效

韩国菜中没有哪道菜像洪鱼脍一样让人爱憎分明，爱它的人看到了就无法不食指大动，但第一次吃的人多半觉得难吃得要命，逼他吃上一口，简直要冒冷汗。不过，只要吃上这一口，就会一直想吃，这种让人上瘾的东西究竟是什么呢？秘密在于鳐鱼发酵过程中会产生一种"霉味"，也就是"发酵风味"。这种特殊风味，大部分人都是能接受并喜爱的，它已被公认是"酸甜苦咸"四种基本味道以外的第五种味道。

鳐鱼不同于其他鱼，放上很久也不会腐烂，发酵过程中鱼体内尿素被分解生成氨，酸度大幅增加，大肠菌和可能引发食

物中毒的不良细菌则被腐蚀消失，只留下有益成分，鱼肉碱性进一步加强。发酵中产生的氨，会产生特有的风味，吃起来酥酥麻麻，稍带刺激性，有点像辣味的口感。发酵入味的鳐鱼肉质紧实，口感也优于新鲜鱼肉。

也就是说，洪鱼脍美味的秘密在于发酵。朝鲜时期的百科图鉴《兹山鱼谱》中详细记录了它的功效，腹部淤血结节，可服洪鱼脍熬成的汤，能清淤化腐。洪鱼脍汤还能解酒，它在发酵过程中产生的特殊刺激味道能驱散积聚的"酒毒"，传统医学中称为"解酒毒"。洪鱼脍还能排毒发汗，治感冒。据说洪鱼脍中的氨还能消除肠道细菌。

● 偏僻小岛上惊现鱼类图鉴

黑山岛位于朝鲜半岛西南海岸的一个角落里，一年四季绿树成荫，因绿荫过于茂密显出黑黝色，故而得名"黑山岛"。黑山岛孤零零地立在大海上，人迹罕至，与大陆极少往来，自古以来是流放犯人的偏僻小岛。朝鲜王朝后期，文臣丁若铨就

曳里港铺满地的鳐鱼，正在贴上证明它们来自黑山岛的标签

用稻草来发酵鳐鱼，发酵过程中鱼肉逐渐变得紧实

曾经流放到黑山岛的西里村，他在岛上的轶事至今为人津津乐道。

丁若铨是朝鲜时期著名的实学家，信奉"实践出真知"的信条。被流放到黑山岛后，他并没有在房间里埋头读书，而是在当地建学堂教书育人，与岛上渔民一起生活。他以黑山岛为研究地点，采访当地居民后在这个偏僻的小渔村编成了一部内容丰富的图鉴《兹山鱼谱》，详细记录了当地丰富多样的鱼类和海草。《兹山鱼谱》是韩国完成度最高的鱼类生态百科辞典之一，不仅收录了当地鱼类的生态信息，还记载了当地的海洋文化，在韩国历史上评价极高。

● "洪浊"，流放生活的慰藉

两百年前，丁若铨孤身一人被流放到黑山岛，"洪浊"给了他莫大的慰藉，什么是"洪浊"呢？贫瘠的黑山岛上粒米不生，当地人用极少量的稻谷与地瓜酿成浊酒，这种古老的酿酒法流传至今。加了地瓜的浊酒呈红色，而与地瓜酒最配的食物就是洪鱼脍。《兹山鱼谱》中所提到的"洪浊"，就是洪鱼脍配浊酒。

"如赤黑的莲叶，鼻生于脊上，眼随其后，尾如猪尾。大至六七尺，雌鱼更巨。立春前后添腺，最是美味。可生吃，亦可烤着吃，罗州人喜吃洪鱼脍配浊酒。"

——《兹山鱼谱》

● 　　洪鱼三合，鳐鱼在全罗南道的完美变身

　　全罗南道吃鳐鱼的方法最特别，俗称"三合"。所谓"三合"，即洪鱼脍、猪五花肉，加上腌透的泡菜，三种食物组合起来，再来一杯马格利酒①，就成为全罗南道宴席上不能少的食物。

　　从内脏到骨头，甚至是鼻子，鳐鱼全身上下没有一处不能入菜，怎么做都是佳肴。全罗南道人认为洪鱼脍最好吃，但未经发酵的鳐鱼也很爽口。辣拌鳐鱼片相当鲜美，切好的鳐鱼在马格利酒中泡一泡，拌上蔬菜吃，风味尤佳。片下鳐鱼的肉，还能煎成鳐鱼饼，鱼肉饼通常平淡无味，但鳐鱼饼稍带刺激性的口味让人着迷，村子里摆宴席可不能少了这道菜。用内脏和骨头熬成鳐鱼粥，也是一绝。

《兹山鱼谱》

鳐鱼晒成鱼干

① 韩国米酒。

● 黑山岛鳐鱼和荣山浦鳐鱼

全罗南道人认为"无鳐不成宴"，待客时更少不了洪鱼脍。这道来自偏僻小岛的特色菜肴，竟能成为全罗南道的代表食物，说起来还有一段渊源。

高丽末年，倭寇频犯黑山岛，高丽朝廷下了一道"空岛令"，命令岛上居民搬到内陆。一夜之间，黑山岛民失去了赖以生存的家园，他们居无定所，在海上漂泊度日。他们跨海，逆流而上，在罗洲的荣山浦落下脚来。被迫离乡的人们忘不了家乡鳐鱼的美味，于是偷偷开船到黑山岛捕鱼，运回荣山浦。新的鳐鱼饮食文化因此而生，一路上鳐鱼只能放在帆船上，等运到荣山浦，鱼肉都腐烂了，在那个穷苦的年代，村人仍舍不得扔掉烂鱼，一股脑儿吃了下去。不料吃后不但没有拉肚子，身体反而更好了。于是，洪鱼脍也成为远离大海的山村和内陆人能放心吃的唯一的鱼，上了宴席，还从荣山江沿岸地区传播开来，直到整个全罗南道都爱上了这道菜。现在，荣山浦早已不能通船，但洪鱼脍的美味却留了下来。

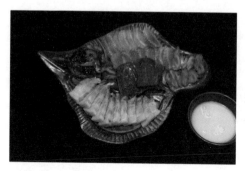

洪鱼三合加上马格利酒，组成"洪浊"

黄桥益的味觉专栏

洪鱼脍，品尝"死亡"

从科学的角度来讲，洪鱼脍的味道是氨发酵产生的。说是"发酵"，倒不如说是"腐烂"，蛋白质腐烂的这种味道会让人联想到"死亡"。"死亡"被纳入美食的疆界，令人称奇，敬而远之的人将此行为视作猎奇，但在饕客眼里，洪鱼脍却是美食的巅峰，带来超越死亡的快乐。

吃洪鱼脍时，先放一片生鱼片于舌尖，感受鱼肉的发酵感。气味太过浓郁的话，一定是烂得过头了。发酵得恰到好处的洪鱼脍嚼上三四口后，会产生一股薄荷香气，顺着鼻腔慢慢扩散到喉咙后方，继续向上，升至眉间，这时，嘴微张，让外面的空气混入，氨味愈加浓烈。

忍不住清一下嗓子，眼泪夺眶而出，体验"死亡"食物带来的格外快感，然后，再啜一口马格利酒。

长兴三合

——正南津长兴郡的"美味铁三角"

全罗南道　　　　宝城

长兴

◉

看似随意的一餐饭，
秘藏了鲜为人知的自然循环。
浓郁香菇，
筋道江珧贝，
加上独鲜天下的韩牛肉，
一口饱吞大山、田野和大海的美味。
长兴三合是来自大自然的恩赐。

历史伤痕上长成的香菇，
潜水员艰难挖出的江珧贝，
农民当心肝宝贝般养大的韩牛。
三者的搭配看似偶然，
却有着割舍不断的必然。

◉

● 　正南津的周六牛市

　　正南津因位于首尔光化门的正南方而得名。把影子抛到身后，迎着太阳一路驱车向南，来到全罗南道正南津长兴邑的周六传统集市，只为寻找当地最具代表性的三种食物——香菇、江珧贝和韩牛。

　　小城长兴，35,000余人，却拥有40,000头牛，牛比人多。长兴三合的第一个主角就是长兴韩牛，每一头牛都有专属身份证。养殖韩牛的农舍管理十分严格，进去前，要先进紫外线杀菌室，从头到脚仔仔细细消毒一遍。之后走进农舍，放眼望去，尽是大片绿野，韩牛吃这里的牧草和稻草长大，特别健康。长兴人认为，牛的免疫力来自健康的食物。

正南津长兴，到了周六分外热闹

运送长兴韩牛的汽车一到，肉店就忙起来了，都在为周六集市做准备。长兴三合除了韩牛，还有香菇和江珧贝。每周六，许多食客奔赴集市，专程品尝"美味铁三角"——长兴三合。

● 橡树上的香菇

香菇长在橡树上，饱饱地吸取橡树的养分，菌伞撑出裂纹，露出里面白色的菌肉，看起来像朵白花，被称为"白花菇"。香菇必须慢慢吸取橡树中的水分，才能结出大朵的"白花菇"，结菇时一旦下雨，菌体短时间吸入大量水分，菌伞就不会开裂，结不成白花菇。白花菇在香菇总产量中只占了不到1%。所以香菇的产量与天气息息相关，种香菇是靠天吃饭，天时、地利、人勤，缺一不可，半点马虎不得。植入种菌的橡树墩，重达50~100公斤，菌农把树墩立起来，再排成横列，极费体力。香菇之所以"香"，是菌农用真诚与汗水感动了老天爷换来的。

长兴拥有最适宜香菇生长的环境，大量的橡树是其中之一，更特别的是，长兴香菇放在松树林里，浴海风成长，因此肉质格外密实，香气四溢。

长兴橡树墩的数量如此之多，源于一段悲惨的历史。当年，为了让朝鲜的武装间谍失去藏身之地，长兴人放火烧光了整片山林。因橡树生长速度最快，后来，当地人在光秃秃的山头上种满橡树。种香菇的橡树墩就像是一座又一座的十字架，

长兴三合　**27**

见证了同民族的手足相残。橡树滋养了香菇，香菇造就了长兴三合。香菇不仅是长兴历史与自然条件相互作用下的必然产物，更早已成为当地不可分割的重要组成部分。

● 　　大海孕育出的江珧贝

　　三合，顾名思义，是三种食物的组合。不同食物要搭配在一起，得有一个共同的"分母"。长兴三合三种食材的共同点就在于它们都是顺应当地自然条件而生的，与大自然相融。聪明的长兴人既然能让不起眼的橡树都能长出美味的香菇，那肯定不会错过水门里海边肥沃的滩涂地。

　　他们在海底滩涂地里播上江珧贝苗，通常三四年后就能收获。每年3月，潮水汹涌，海沙翻滚，人下到海里什么也看不到，但为了挖江珧贝，得粮湾水门里的潜水员纷纷跳进海里，风浪再大也阻挡不了他们的脚步。

　　长兴三合出名之后，以往专供出口日本的江珧贝也开始在韩国国内销售。当地人工养殖江珧贝始于20世纪90年代，如今已是长兴扬名海内外的一大资本。这么一来潜水员就更忙了，作业量繁重，他们只能在船上匆匆解决吃饭问题，一碗加了猪肉和江珧贝的泡菜汤和一碗白米饭，就是一顿午餐。顾不上凛冽的寒风，潜水员一放下饭碗就纵身入海。3月的大海像青春期少女的心一样变幻莫测，经验再丰富的潜水员也不敢掉以轻心。一天工作下来，他们身心疲惫，用热水洗去身上冰冷的海盐，一定得喝上一碗江珧贝汤，才算踏实。潜水员似乎舍不得离开"战场",晚饭总是吃得特别晚,但餐桌上总少不了长兴大海里的江珧贝。他们用江珧贝填饱肚子,犒劳自己一天的辛劳。

● 大自然的三角形创造出的长兴三合

自然界的循环不会产生废物,香菇田里的橡树就特别有价值。种香菇满六年,橡树墩的"寿命"差不多就到头了,里面的水分被吸得一干二净,可以说是鞠躬尽瘁一身"轻"了。但这并不是它的最终结局,干透的橡木被磨碎,铺在牛圈里,维持牛圈干爽,让长兴韩牛更健康。过一段时间,牛圈里的木屑又能拿来沤肥,促进草木生长。3月冬末,把这种农家肥撒在牧草上,草见风就长。种香菇的橡树和长兴的韩牛喂肥了土壤,沃土上长出的草又喂肥了韩牛,长兴三合的搭配浑然天成,揭示了美味的真谛。

妇女正在处理三合中最受欢迎的江珧贝

水门里海边肥沃滩涂地里的江珧贝

朝鲜时期，流放济州岛的犯人会先在长兴停留，其中有不少实学家。于是，长兴当地形成了"在野实学"，强调既要顺应自然，也要勇于挑战，这种精神早已深深融入长兴的大地、海洋与草木之中。长时间的潜移默化下，长兴人创造出了"三合"，之中蕴含的精神难以定义，但从来不曾落后于时代。

　　周六的长兴集市最为繁忙，吸引了来自四面八方的人们。市场上车水马龙，餐厅里应接不暇，周周如此，不曾中断。细细看过长兴地产的香菇、江珧贝和韩牛，再尝一口三物交融的"三合"美味，便能感受到独一无二的长兴精神。

种植香菇的橡树墩

江珧贝，至纯如我

江珧贝长在深海的泥滩里，拥有明显大于其他贝类的肉柱。肉柱是贝类用来控制开合壳的肌肉，在生物学中称为"闭壳肌"。

肉柱通常个小而耐嚼。大部分的贝类会伸出"脚"（斧足）来爬行，这就需要动用到肌肉，所以肌肉紧实。

但江珧贝固定在一个位置上并不移动，不需要强有力的肌肉。它从不伸出"脚"来，所以壳内硕大的肉柱厚实又柔软。

尽管在泥巴里待着不动，但它不受玷污，反而像珍珠一样闪闪发光，肉柱白里透着淡粉，诉说着"众人皆浊我独清"的清高。

虽身处深海，却丝毫不沾染深海的死咸味，江珧贝拥有至纯无瑕的味道。

舒川短爪章鱼

——借一缕南风吹响春天的号角

舒川

全罗北道

●

舒川的海浪被南风掀起，
懒洋洋地晃动着，
唤醒安静的海洋，
逼得临产的短爪章鱼，
费力支起沉重的身体。
总是蜷着身子的短爪章鱼，
在《兹山鱼谱》中名唤"蹲鱼"。

趁短爪章鱼育期下网的渔人，
深知一切源于大自然的慷慨，
满怀歉意之余，
心怀感恩。
感谢春风，感谢海浪，
成就了短爪章鱼的美味。

●

要大海给面子才吃得到的短爪章鱼

一年中，短爪章鱼最美味、最便宜之时，短爪章鱼美食节就拉开帷幕了。可是，不久前的美食节，由于渔民供货不及，西海岸的短爪章鱼店竟然遭遇无货可卖的尴尬局面，就连一向盛产短爪章鱼的舒川也未能幸免，短爪章鱼的产地价格飙到了每公斤 35,000 韩元①的高价。之所以如此价高不下，要怪今年大海不给面子，渔获寥寥无几。没错，要想吃到短爪章鱼，可得求大海给点面子呢。

短爪章鱼生活在水下 10 米深的石头缝里，灰不溜秋的颜色起到了保护的作用。每逢海风大作，小船靠港之时，捕捞短爪章鱼的大船纷纷扬帆驶入大海，找准之前布下长葫芦状渔网的地方开始打捞。长葫芦状渔网长达 70 米，重 0.5 吨，单靠人力很难捞起。捕捞短爪章鱼，得先将如此巨型的渔网系上坠子，沉到海底，十二小时后再捞起。水流越猛，渔网撑得越开，入网的短爪章鱼就越多。近二十年来，西海岸的短爪章鱼渔获量年均达 4,600 多吨。不过，别看渔网这么大，有时里面连一条短爪章鱼都抓不到，尽是虾和螃蟹。对渔民来说，只有短爪章鱼才值钱，看着满网的螃蟹，只能感叹大海实在是难以预测。渔民总是一大清早就出海捕鱼，幸运的时候能捞到整整一网的短爪章鱼，不枉辛劳。短爪章鱼是夜行性动物，晚上更活跃，而且越是风雨交加海浪汹涌的夜晚，它们才越容易在翻滚颠簸中乖乖入网。

忠清南道舒川是韩国最典型的淡水海水交界处，舒川的锦江河口坝就是在海水冲刷作用下形成的，不远处的舒川郡韩山

---

① 约合200元人民币。

新城里有着成片的芦苇地，到了秋天蔚为壮观。韩国的汉江、蟾津江、洛东江、荣山江和锦江等都有江海交界处，这种地方浮游生物较为丰富，以此为食的海洋生物自然也少不了。舒川是其中之一，但特别的是，这里保留了最多专门用海螺壳捕短爪章鱼的传统小渔船。春光明媚的日子，可以看见不少老渔民用古法捕短爪章鱼，他们用稻草编好草绳，绑上一个个海螺，放进海里，正处于繁殖期的短爪章鱼，一旦爬进螺壳里，就出不来了。

　　早年，村口就是海，算好潮候，直接把船拖到海里就行。现在，渔民用拖拉机拖着船开进海里，拖拉机轮子漫了水也不停，直到车前的引擎和驾驶座都快要浸水时才把船放出去。正式开始捕短爪章鱼了，从陆地开到捕鱼的浮标处大概要花上二十分钟。长浦里渔民特别善捕短爪章鱼，据说他们的"猎物"一度能铺满整个船底。

舒川水面上还留有小型螺壳捕鱼船

朝鲜时期起，西海岸渔民就常能捕到短爪章鱼，但城里人知道短爪章鱼也不过是近几十年的事，到了20世纪90年代才风靡开来，美食节也已经办过十几届了。其实，大海时时刻刻都在举办美食节，只是人们往往视若无睹。内行人都知道，真正"美食节"的滋味，报纸或电视上根本找不到。

● 　　短爪章鱼的特点和功效

　　近十年来，人们发现，短爪章鱼有多种功效，甚至强于鱿鱼。每毫克短爪章鱼的含铁量比其他软体动物高三倍之多，牛磺酸含量比鱿鱼高两倍，牛磺酸具有能消除疲劳、保护肝脏的功效。

　　短爪章鱼的寿命只有一年，每年三四月间产卵，夏秋冬三季生长。在保护色的掩护下，它与海底的沙子浑然一体。它栖息在浅滩泥沙混合的海水里，捕食虾和贝类为生，因此栖息地主要沿西海岸分布。要想掀动钻进海底的短爪章鱼，需要刮起足以翻涌海浪的大风。

短爪章鱼做成的"全鱼宴"

新鲜裙带菜汤和短爪章鱼煎饼，还有舒川菜少不了的海鲜酱

短爪章鱼烹饪与纯天然调味料

烹煮短爪章鱼不需要加其他东西。余熟短爪章鱼，烫一下香葱，分别沥干水分，再加上海鲜酱，充分拌匀，一道爽口的菜就做好了。短爪章鱼还能用来煎饼。总之，短爪章鱼是种百搭的食材，不管做成哪道菜都不显得突兀。

【短爪章鱼炒五花肉】

短爪章鱼富含人体所需氨基酸，脂肪含量低，特别适合搭配猪肉同食，它的牛磺酸成分还能降低猪肉的胆固醇，简直是"天作地合"的搭配。

【短爪章鱼面片汤】

取春天收获的细香葱，烫熟后和短爪章鱼拌在一起，以面粉和面做成面片，再加入泡菜煮汤，短爪章鱼面片汤便可以上桌了。吃上一碗，心满意足填饱肚子的同时，不禁感慨人生幸福莫过于此。这道菜虽然简单，却最够格。

【天日盐短爪章鱼海鲜酱①】

没有一道舒川菜少得了海鲜酱。它可以取代酱油、盐，作为任何一种调味料。煮汤、拌野菜时，有了海鲜酱，就用不上其他调味品了。海鲜酱美味的秘密在于榨干了盐的水分，因而味道特别浓郁。久放并榨干水分的天日盐里加入虾或小鱼，多次充分拌匀，就能做成海鲜酱，盐度不高，又不易坏，发酵三个月就可以食用了。

【生海苔】

将现采的新鲜海苔沥干后冷冻做成生海苔，可以用来煮汤，也可以用来煎饼，滋味鲜美。海苔捞起来后，先在海水中漂洗干净，放在树荫下晒干，沥出水分后收入冷冻室，这样一来，到了第二年夏天海苔仍新

---

① 海鲜酱：韩国特色调味品，在小鱼虾内加入盐，发酵后磨成黏稠状即可。

鲜如初。舒川的生海苔名气不亚于短爪章鱼。

● 一对夫妻的故事

最近，一对夫妻把捕短爪章鱼的渔船降级换成了小船。毕竟短爪章鱼捕获量大不如前，收入不比往年，能省一点是一点，好在他们仍是最好的搭档，夫妻同上阵，心甘如饴。丈夫有 8 个兄弟姐妹，妻子身为长媳，长年来尽心操持婆家老小，早上要准备 8 个盒饭让弟弟妹妹带去上学上班，中午为工人做饭，接着又要准备一家人的晚餐。忙忙碌碌，转眼已过了

一起抓短爪章鱼的夫妻。对他们来说，短爪章鱼是回忆，也是生活

二十七载。尽管多年来朝夕相处，夫妻俩目光对视时却还有些扭捏，这丝羞涩是爱意的另一种体现。两人并排坐在船上捕捞短爪章鱼，夫妻俩相濡以沫的模样，恰似在舒川交融的江水与海水。这就是舒川，充满生活气息的家园。

● 一对父子的故事

当渔民的父亲善捕短爪章鱼，但做菜却不太擅长，只好交给当厨师的儿子。但他做的"刀面"味道当仁不让。父亲做的"海苔刀面"可是申请了专利的美食。他找了很多专家，足足花了三年工夫才开发出来。海苔刀面的海苔要磨成细粉，海苔粉得之不易，无法大量生产，营养价值却是一等一，不枉费父亲的一番心血。身为渔村生产队队长的父亲，三十五年来辛苦讨海，开发海苔刀面，既为村民创收，更希望能开辟新的活路，让儿孙辈不再仅仅靠海吃饭。

● 舒川，短爪章鱼，以及人生

舒川办短爪章鱼美食节的地方旁边有一片老山茶树，不过，十年前的舒川山茶岛与如今大相径庭。原来，这里是一片沙滩，涛声阵阵，海风习习。1976 年，火力发电站迁过来后，噪声大作，盖过了涛声。

舒川有着悠久的历史，百济①王国灭国后遗老在这里发起了复兴运动。从很早以前开始到火力发电站迁来之前，每年入春，舒川山茶岛山茶花绽放之时，海面上就会浮起短爪章鱼。但是，现在火力发电站的噪声已然成为了舒川海滨的一部分。于是人们开始反思，我们从大自然那里得到了如此丰富的馈赠，要是能够好好利用，再回馈给大自然，是多么的难得。

　　高丽文集《稼亭集》中收集了文人李谷创作的曲子，其中有一篇《借马说》，曲中唱道，人之拥有，无一不是向别人借来的，但多数人以为一切本为己有，觉得理所当然。正如曲中所唱，手中万般均借自他人为己用，得之乃幸，这样一想自然心存感激，秉持释然的心态，哪怕今天抓不到几条短爪章鱼，哪怕这个月生活有些紧巴巴的，也不至于忧心忡忡。

　　也许，在某个春天，我们再也捕不到短爪章鱼，不得不把短爪章鱼曾经带来的幸福重新归还于大自然。到了那个时候，人们一定会非常怀念舒川人用短爪章鱼做成的菜肴。

　　《借马说》唱道，人生在世，如一路借马，走完漫长旅途。从这个角度来看，是大自然借予我们如此丰富的食物，时常反思我们是否尽心享用了这些食物，将来归还大自然时，才不会愧对自己的良心。

---

① 百济：公元前18年～660年，朝鲜半岛上建立起来的国家。

黄桥益的味觉专栏

短爪章鱼，小不点也有出头日

供桌上会出现鱿鱼与乌贼。短爪章鱼个头小，长得又不好看，充其量只能在铁板上炒炒，或是混入一大堆食材煮进汤里。它的味道并无特色，且通常不难捕获，不受人待见也理所应当，就连名字里也透着一股子悲哀，颇有"身出庶门"的无奈。

但短爪章鱼一旦产卵，美味程度却忽地凌驾于鱿鱼与乌贼之上。它的卵口感细密又有弹性，让人吃了欲罢不能。煮熟的短爪章鱼端上桌后，只看见一颗颗圆滚滚的头（其实是身子）。叼一颗头放进嘴里，用力咀嚼，稍带苦腥的墨汁率先喷涌而出，旋即感受到卵的鲜味透过苦腥，顺着舌尖散开，在口中轻盈舞动。

再不起眼的小不点也有出头的一日。

江华岛鲻鱼

——纯净滩涂里的滋补良品

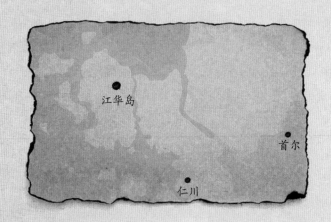

◉

这是一座没有屋顶的博物馆，
每一个毛孔都散发着韩民族的气息。
护国忠魂的故乡，江华岛[1]。
它与自在摆尾的鲻鱼，
见证了漫长的历史。
膏腴之地，与物产丰富的大海，
还有那一望无垠的滩涂地，
讲述着生态与生命的珍贵，
孕育了保家卫国的江华精神。
清净滩涂出身的鲻鱼，
逆流而上，
被端上千家万户的餐桌，
为平民生活代言。

丰盛的滩涂，赐予江华宽裕与自由，
肥厚的鲻鱼，如江华岛人宽厚的人心，
为江华岛的餐桌增量，
奠定深厚的文化，
为生命增色。

◉

---

[1] 江华岛位于韩国仁川北部，是南北停战线附近的一个岛屿。作为韩国西北部的门户，江华岛自古以来饱受战争的侵犯，因此被称为"卫国的故乡"。

● 　江华、汉江与鲻鱼

　　顺着汉江水一路往西海①奔去，就会来到江华岛，这里是韩国的第五大岛，仅次于济州岛、巨济岛、珍岛和南海岛。不过，严格说来，如今的江华岛架设了江华大桥和草芝大桥与陆地相连，已不能算是一个真正的"岛"。江华岛拥有6,000平方千米的广阔滩涂，是世界五大滩涂地之一，退潮后，滩涂最远的直线距离可达4千米。一望无际的土地上，覆盖着黑乎乎的泥土，大眼蟹、青蛤与沙蚕等无数的生命在这里呼吸，蔚为壮观。滩涂一面净化着大自然，一面滋养着无数的生命，有着包容万物的海量。这无数的生命中，鲻鱼也跻身其中，它一年三季生活在这里，到桃花盛开之时，为了产卵才逆流而上。

渔民背着捕鱼架在滩涂上捕鲻鱼

————————————
① 韩国西海即黄海。

京畿道金浦市下圣面的颠流里位于汉江的尽头，在这里总能看见渔民忙着准备下水捕鱼的身影。也许有人会讶异，汉江边怎么会有渔民？其实早年，过了颠流里这个河口，汉江下流小港口比比皆是，这里恰好是江水与海水的交界处，既有海鱼，也有鳗鱼、菊黄河豚等珍贵淡水鱼，而且俯拾皆是。可惜汉江水量渐减，颠流里成为汉江上最后一个港口，延续着命脉。颠流里港渔获最丰、为渔民带来幸福的主角，正是江华滩涂里的鲻鱼。

　　人们说起鲻鱼，总是心怀感激。过去也好，现在也罢，渔家的餐桌上少不了它，老百姓干瘪的肚皮也多亏有它的抚慰。不少上了年纪的人，看到鲻鱼便勾起了年轻时偷鱼吃的回忆，还记得自己用笨拙的刀法一下又一下地割下鲻鱼身上的肥厚鱼肉塞进嘴里，从拖着鼻涕的童年起就爱吃，直到现在仍是百吃不厌。鲻鱼劲大，其他鱼类都比不上，洄游时，它先竖着身子往外探，接着来个漂亮的回旋，逆着水流方向而上。到了繁殖期，成群结队的鲻鱼奋力游水，鱼头争先恐后地探出水面，呼啦啦一大片，给冷冰冰的城市带来活力。鲻鱼肉质紧实，5月时最为鲜美。到了鲻鱼肥美至极的季节，渔民的心情也愉悦起来。

正备网出渔的汉江渔民

出发前，渔民先观察海鸥

海鸥是渔民捕鲻鱼时最头痛的对手，但它又像通讯员一样，远远地就能向渔民通报鱼群的位置。渔民捕够了鲻鱼，会放生一些留给海鸥吃，既有感激之意，感激海鸥化解了他们独自出海的孤寂，也算是一种祈愿，希望海鸥能带着他们找到更大的鲻鱼群。看着渔民空闲时为"伙伴"海鸥投食的身影，深深地感受到来自滩涂的宽厚与慷慨。

●   滩涂抓鲻鱼

《兹山鱼谱》提到鲻鱼有一种很奇异的特质，说它"疑心重"，所以处理起来很是麻烦。它不挑水质，在没有盐分的淡水和海水中都能存活，但离不开氧气，捕抓起来后稍微放一会儿就会死。氧气不足，就活不下去，鲻鱼的个性就是这么急。人类凭着几千年来与大自然共处的智慧，找到了解决方法。

这个方法就是利用鲻鱼爱担惊受怕的习性。江华岛渔民在滩涂里捕鲻鱼就是一个典型。当潮水退去，滩涂如脱去外衣般袒露出来，渔民忙碌的一天就开始了，他们纷纷下海，拾掇渔网，捞起兜住的鲻鱼。滩涂上的渔网距岸边约有一千米，就算快步走也要半个多小时。布网时，等待起潮再驾船出海自然最轻松，但潮候天天不同，忙起来就没法每天都掐着点儿出门。所以农忙时节渔民们通常背着架子徒步走进滩涂去收鱼，觉得这样更轻松。他们把渔网设在鲻鱼群洄游的要道上，一天捞一回就行，就像到家门口的自家地里摘菜一样。不必追着鱼群跑，等待便可收获，一天能抓到多少不一定，不过，慷慨的滩涂常能送来满网满兜的鲻鱼。

　　当然，也不是说放张网就能兜到鲻鱼。滩涂地看起来没什么不同，但鲻鱼群洄游有自己的路线，要想兜住它们，得学会等待的智慧，积累长期的经验。鲻鱼有逆流而上的习性，退潮时，它们急忙划水逆游，恰恰落入了渔网，欲速则不达，还搭上了性命。

● 　　鲻鱼和假鲻鱼

　　一般来说，韩国的鲻鱼有两种，头大、背黑的一种学名叫作"鲻鱼"，而另一种黄眼圈的则是"假鲻鱼"。鲻鱼遍布世界各地，每年春天从各大洋往韩国南海洄游，假鲻鱼是远东亚地区的特有鱼种，主要生活在韩国西海岸。鲑鱼等洄游性鱼类，最远能一直游到阿拉斯加，鲻鱼的活动范围没那么大，只限于周边区域，通常往返于海水沿岸和江水间，以滩涂为中心觅食，假鲻鱼的这种习性更为明显。我们一般说的鲻鱼，是南海岸的鲻鱼，江华主要出产的是假鲻鱼，两种鱼的摄食习性略有差别。

　　鲻鱼边游边吞食滩涂，以滩涂表层的硅藻类生物为食，也就是一些植物性浮游生物，滩涂生物越丰富，鲻鱼越健康。江华鲻鱼主要吃滩涂里的东西为生，江华地区或西海滩涂地区的人都认为当地鲻鱼最美味。"灵岩鲻鱼"和"江华鲻鱼"名气大在许多记录上都有据可查，据分析是因为这两处滩涂的矿物质较多，品质也比较好。

● 鲻鱼菜谱

当年岁渐长，不再贪恋刺激味蕾的味道，反而怀念起幼时吃过的味道，那是脑海中的味道，是妈妈亲手做出来的味道，质朴而又单纯。在江华岛上要做出这般美味，肯定不能缺了鲻鱼。鲻鱼的胶原蛋白特别丰富，汤越煮越白，是真正的高汤。少放点水，待汤汁稍稍收干，加一点蒜，撒少许盐，又成了富有层次感的美味。

鲻鱼营养价值高，可滋补身体，美味也首屈一指。《兹山鱼谱》提到若按美味程度排名，鱼类中鲻鱼排第一。它还能入药，是理想的药材，《东医宝鉴》中记载，鲻鱼益胃，平五脏顺六腑，能给身体"贴肉膘"。农耕时代的韩国人认为，桃花盛开时吃鲻鱼，能强身健体，夏天才有力气干农活，因此特别钟爱鲻鱼。

【孟尝汤（鲻鱼清汤）和鱼皮料理】
江华人的宴席上必有孟尝汤，当地人酒后也要喝孟尝汤，因为它既解酒又熨帖肠胃。这道美食对江华人来说，充满了回忆。在江华岛，鲻鱼皮的"待遇"也颇高，稍微氽烫后，吃起来又香又筋道，拿来包着饭吃，更是美味，江华地区有句老话"为吃一口鲻鱼皮，卖地也甘愿"。

熨帖肠胃的首选佳肴，
孟尝汤

筋道十足的凉拌鲻鱼皮

鳐鱼皮含有大量烟酸和有助细胞再生的维生素A，能有效抵抗衰老。

【煎烤鳐鱼】

上乘的鳐鱼肉质相当厚实，厚度可达 30~60 厘米。个头稍小的鳐鱼可烤可煎。鳐鱼的烹饪法十分多样，体形大小不同，做法也不一样。江华地区称小条的鳐鱼为"童鱼"或"童儿"。在鳐鱼数量更多的年代，韩语方言中关于鳐鱼的说法有一百多种。

【鳐鱼子】

鱼子是鱼卵经过长时间的腌渍、干燥、压缩、再干燥等一系列复杂工序加工而成的食物，韩国常见的有黄鱼子、黄姑鱼子等。自古以来，鳐鱼子尤为珍贵，是进贡朝廷的必备贡品。鳐鱼子做起来工艺繁复，大户人家也舍不得吃，只是偶尔拿来配酒。把刀在火上烤热，将整块鱼子切成薄片，然后小口小口地抿着吃，这样最能体会鳐鱼籽浓醇的美味。

【鳐鱼饺】

鳐鱼肉质黏糯嫩软，还能用来包饺子。把可以生吃或煮汤的上等鳐鱼片成薄片做饺子皮，再将牛肉与各种菌菇剁碎，加盐和胡椒调和成饺子馅，捏成一口大小的饺子，是相当稀罕的食物。为了区别于其他鱼饺，韩国餐饮界将其专门命名为"鳐鱼饺"，足见味道之特别。

【清蒸鳐鱼】

祭祖的日子，江华地区坚守传统，将鳐鱼作为珍贵食物摆上供桌。不仅祭祀少不了鳐鱼，江华人的婚宴或其他喜宴上也都必须有一道鳐鱼

小条的鳐鱼也不浪费，做成烤鳐鱼

江华岛祭祀时必备的蒸鳐鱼

做成的菜肴，才能得到宾客认可。代代相传的饮食习惯自然而然地成为了一个地区的规矩。

● 　末岛的蛋白质供应源

　　活跃着鲻鱼的大海，已经成为江华人生活不可分割的一部分。江华岛周围有 29 个附属岛屿，其中距离本岛最远的一个岛叫作"末岛"。

　　末岛非常偏僻，靠近韩国与朝鲜的分界线，禁止一般人出入，没有开通游船，每周只有一班行政船往返，这也是上岛的唯一一条路。岛上有 23 名居民，大部分是当地土生土长的老人。由于去一趟陆地很不方便，所以居民一般就地取材做成食物。

　　在这里，捕鱼不是为了卖钱，而是为了自己吃。最容易捕到的鱼就是鲻鱼，于是鲻鱼成了岛民稳定的蛋白质供应源。捕到鲻鱼，全村人会一起熬煮鲻鱼汤。加入干萝卜缨的鲻鱼辣汤，美味香浓，堪称一品。汤料应季而变，夏天放水芹菜盖腥味，冬天加入大量干萝卜缨，香气四溢。鲻鱼的内脏也不浪费，处理干净后，放盐腌渍成鱼酱，既能配饭，也能放进汤里调味，让汤味更鲜美。

　　一年四季，末岛居民的餐桌上都少不了鲻鱼汤。对于江华人来说，鲻鱼是过上美好明天的希望，但对于末岛人来说，鲻鱼是活在当下，过好今天的力量。

鲻鱼，那么骄傲

　　海面上奔腾着的鲻鱼，成群结队，浩浩荡荡，仔细看却又是姿态各异。滑溜而又敏捷，划过水面，迎头向上，洋溢着高傲。鲻鱼体形硕大，肉白，无一不显现着唯我独尊的王者风范。

　　但到了春天，鲻鱼却散发出浓浓的香甜味，肉质酥糯得与平日高傲的样子完全不称，那股纡尊降贵般的美味让人感动。

　　鲻鱼各部位的口感都不同。腹肉脂肪肥厚，脊肉干瘦，低温熟成后却是又软又糯，尾巴上的肉则十分耐嚼，因为它总是探出水面，所以特别紧实。想要感受鲻鱼的高傲气质，一定要吃鱼尾肉，这是它王者风范的来源。鲻鱼的美味，绝非等闲，它像是鸟类中的白天鹅，在家常茶饭中坚守高雅。

蟾津江毛蟹

——醇香逆流而来

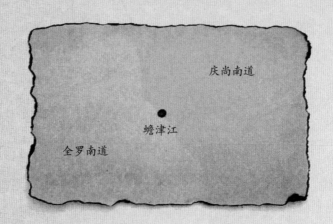

庆尚南道

蟾津江

全罗南道

●

蟾津江倾囊相赠，慷慨相伴，
为我们带来慰藉，带来欢笑。
毛蟹之于蟾津江人，胜于米麦，
时为口粮充饥，亦作大餐宴客。
还能平息婆婆胃口不佳生发的脾气，
雨天无法下地的时候，
总会想念起蟾津江的毛蟹。

悲欢从指间迸发，
化作一桌桌菜肴，
唯毛蟹不曾缺席。
当江水渐少，
曾经挨挨挤挤的毛蟹逐渐稀落，
轮到我们小心拥着毛蟹。
如毛蟹抱卵一般。

●

● 峰泉，蟾津江之源

蟾津江的源头是全罗北道镇安郡的峰泉。这条涓涓细流，凝成一股小溪，尔后聚成一道清浅的小河，再淌过全罗南道的谷城邑与求礼邑，流至下洞和南海的光阳湾，汇成了水流湍急的蟾津江，单这一路潺潺水流就有 500 里[①]长，汇成蟾津江后又流经多个村镇，水路漫长，物产丰富。连绵不绝的滔滔江水，并不分段称为"谷城蟾津江"或"下洞蟾津江"，只是统称为"蟾津江"，而生于谷城，顺江流至下洞被捕获的毛蟹也只有一个名字——"蟾津江毛蟹"。

朝鲜时期编写的《高丽史节要》中提到，智异山与白云山及两座山峰间平坦的旷野，也就是蟾津江一带，自古丰饶肥沃。"蟾津江"一名起源于高丽末年。檀君朝鲜时期（前 2333 年~前 238 年）起，这条江因含沙量大被称为"沙水"或是"沙水加蓝"[②]，引入汉字后，写作"沙川"或"多沙江"。高丽末年，倭寇入侵掠夺，罪行罄竹难书。传说有一次倭寇试图沿江入侵，江边拥出数十万只蟾蜍，愤声长鸣，倭寇闻声而退，遂取蟾蜍的"蟾"字，得名"蟾津江"。

沿着蟾津江，可以来到庆尚南道岳阳面的幕迪密田野。下洞人口中的"幕迪密田野"宽阔平坦，是韩国名作家朴景利成名小说《土地》中故事的背景地，书中的"崔参判宅"，其实是个叫作平沙里村的地方。《土地》还被改编为同名电视剧，看过小说或电视剧的游人络绎不绝，再加上幕迪密田野的富饶与智异山的雄伟，当地的名气更是盛极一时。

---

① 韩国1里等于393米。
② 朝鲜古语，江边之意。

● 蟾津江毛蟹的一生

蟾津江毛蟹不在江里产卵，而是在江海混合的水域里繁殖下一代，可以说，蟾津江毛蟹的一生始于下洞光阳湾的入海口。每年4-6月间，毛蟹迁徙至入海口，用将近一周的时间适应水中盐分浓度后开始产卵。蟹卵过十日左右，进入幼虫期，三十到五十天左右，成为幼蟹，和成蟹只有大小不同。再过上十个月左右，长得足够大了，它们就会离开这里，朝蟾津江逆流洄游，踏上漫长的旅途。

毛蟹分为普通毛蟹、东南毛蟹、小毛蟹和南方毛蟹四种，其中产业价值和经济价值最高也最重要的是普通毛蟹和东南毛蟹。普通毛蟹主要分布在临西海的忠清南道锦江与京畿道临津江等河川较多的地区，东南毛蟹则主要栖息于东海岸、南海岸与蟾津江相连的河川水域。

毛蟹的肉不如花蟹饱满，但脂肪量适中，味道鲜美，富含安神壮骨的钙和预防贫血的铁，以及参与能量代谢的维生素B2。蟾津江毛蟹的学名是"东南毛蟹"，名气不敌海螃蟹与花蟹，知道它的美味与营养的人也并不多。

 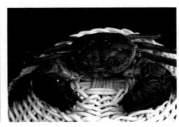

蟾津江毛蟹东南毛蟹　　　　　毛蟹为杂食性动物，煮之前一定
　　　　　　　　　　　　　　　要吐沙

● 煎泡的毛蟹酱

捕毛蟹的蟾津江渔民土生土长于江边，练就了一双"水"眼金睛，在水里头也能看得一清二楚。毛蟹通常不会在水里游来游去，而是聚在石头、沙子多的地方。渔民在水底放一条长长的绳子，一头挂上鱼笼，内装饵料。嗅觉灵敏的毛蟹，循味入了笼子，便动弹不得，只得束手就擒。

太阳当空的白天，毛蟹一般不进行捕食活动。渔民将捕到的毛蟹装进瓮里，放点牛肉，再盖上盖子。这么一来，毛蟹会误以为到了晚上，大啖起牛肉来，不一会儿，肚子里就盛满了黄澄澄的卵。这时，就可以着手做毛蟹酱了。

毛蟹食肉，听起来有点怪，其实它是杂食性动物，什么都吃。抓到毛蟹后直接下锅，会有一股土腥味，一定要提前一晚让它充分吐沙，再拿来烹煮，蟹嘴尤其要刷干净。将洗得干干净净的毛蟹放进缸里，用自酿的酱油连泡三晚，据说浓稠的酱油能杀死毛蟹体内的肺吸虫（Lung Fluke）菌。三天后，毛蟹的香味差不多已经融入酱油里了，单倒出酱油，在酱油里加入梅子酒去腥，再放入各种蔬菜，增添酱料的风味，调配好后煮沸，自然冷却后再倒回缸里。两周后，毛蟹体内细菌消失殆尽。就这样，把酱油倒出来、煮沸、再倒进去，反反复复，泡上一百天，毛蟹酱才算做好。这个过程不叫"泡毛蟹"，而叫"煎泡毛蟹"。

● 蟾津江下洞浦口富春村

庆尚南道下洞郡花溪面的蟾津江流域绿树成荫，葱葱茏茏。沿江有不少山村，海拔 400 米高的富春村便是其中之一，智异山谷流出的富春溪也由此汇入蟾津江。

暮霭初起，天色转暗，富春溪的村民聚到溪边，点火做饭，再舀一大碗来不及煎泡完成的毛蟹酱，放在大锅饭上，蟹酱受热温熟，散发出香甜美味。

● 毛蟹菜谱

饥饿的年代，当地人吃不起饭，只能吃毛蟹粉羹。如今，这道菜倒成了规格颇高的特色菜。来到平沙里，一定得来一碗毛蟹粉羹。它的独特香味来自于汤内的藿香叶。韩国南部地区的人尤为喜欢这股奇香，毛蟹粉羹里自然也少不了。碾碎毛蟹，加入蔬菜和面粉一起蒸。蒸好的粉羹又软又糯，好喝又顺口，味道或外表都像极了鸡蛋羹。以前当地人多种小麦，毛蟹汤里一般放小麦粉，所以成了"毛蟹粉羹"。

还有一种毛蟹酱，称为"裹大酱毛蟹酱"，是全罗南道的传统食品，随着毛蟹捕获量的锐减，它已成为一道稀有的珍贵佳肴。做的时候，先铺一层梅子做成的大酱，把毛蟹翻成肚皮朝天，肚子上再抹一层梅子大酱，放上三个月，腌制入味便可。当地人烹饪毛蟹时常搭配梅子大酱，据韩国传统医学书上说，梅子的强烈酸味能增进食欲，还有驱虫作用，能杀死毛蟹体内的寄生虫，另外，梅子含有丰富的蛋白质，能预防夏天常见的食物中毒和过敏，益处多多。

韩国人喜欢围坐一桌，同吃一锅汤。汤是非常有"智慧"

的食物，除了主料以外，还有多种蔬菜作为辅料，补充人体容易缺乏的营养，这点是其他食物比不上的。逆流洄游的毛蟹，味道甘甜爽口，分量又足，不用放太多调味料，单吃起来就很够味，但煮成汤时，可不能少了西葫芦瓜。西葫芦瓜正好能补充毛蟹所缺乏的维生素 A 和纤维素。再在汤里放些面片，撒点野芝麻粉增味，便可以上桌了。毛蟹汤能降低胆固醇，预防动脉硬化。用独具风味的毛蟹做成的菜肴总能巧妙地勾起人们的食欲。

蟾津江毛蟹和下洞的绿茶搭配成一桌菜

黄桥益的味觉专栏

当毛蟹偶遇春花

　　毛蟹是淡水蟹，但并非一直在淡水里生活，而是往返于江海之间。深秋到冬天，毛蟹会游到淡水与海水混合的水域产卵。到了春天，孵化出来的幼蟹再沿江回到它们父母生活过的地方。

　　蟾津江毛蟹生长于韩国的南部，本名"东南毛蟹"。东南毛蟹在春天抱卵游向大海时最为美味。朝鲜半岛的毛蟹分春毛蟹与秋毛蟹两种。

　　毛蟹虽往返于海水与淡水之间，但通常在江里被捕获，所以并无海味。少了海香，带着江水的腥土味，滋味算是清淡。抓到毛蟹后得在清水里放上三四天去腥。蟾津江东南毛蟹的壳较软，小只的可以整个连壳嚼。蟾津江边春花最烂漫之时，亦是东南毛蟹最美味之际，这绝非巧合，毛蟹如花，是以拥有一年一度的华丽绽放。

高兴海鳗

——力量之源

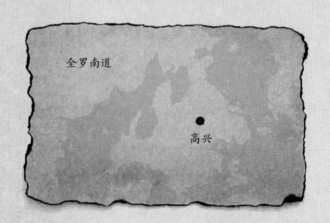

全罗南道

高兴

●

朝鲜半岛南部的最南端，偏远荒凉，
战争连绵，抢掠不断，
高兴人在此落脚形成村落，
营生的力量，
来自海鳗。

因着海鳗，高兴人得以傍海而生，
他们开创了新的饮食文化，
谱写了一段传说。
于当地人而言，
海鳗不只是餐桌上的食物，
更是支撑他们垦荒斗海，
养育后代的力量，
抑或是生命来源的希望！

●

● 高兴海鳗，力量的来源

壬辰倭乱中划着龟甲船击退日寇的划桨手与韩国摔跤运动员金一有个共同点——他们都是高兴人。高兴培育了大量摔跤选手，韩国有句俗话说"在高兴别说自己力气大"。高兴位于朝鲜半岛的最南端，形如口袋，兜着临近好几个附岛。在这里，有种食物能让人提起精神，不怕炎热，不畏艰辛，它就是海鳗。海鳗傲视南海，用利齿撕咬一切，俨然以主人自居。当地人认为，这活蹦乱跳的玩意儿正是他们力量的来源。

日本殖民时期，日本人在高兴组建渔业协会，建起制冰工厂，以便掠夺南海的资源，他们还在无人岛罗老岛上建成能停靠数百艘船舶的港口，作为前阵基地。这期间，海鳗是日本人特别管控的对象，一旦捕捞上岸，当即全部运至日本，这个过程甚至动用日本警察监控。韩国摆脱日本殖民之后，这样的情形仍维持许久。海鳗被视为"顶级上品"，全数运往日本，在韩国反而很难寻见。虽是不幸，不过当地人靠海鳗打下基础，积累起家底，熬过了那段痛苦不堪的贫穷时光。

高兴海鳗的渔获量特别大，有两个原因。第一是因为高兴有广阔的滩涂。高兴的大海每天两次退潮，就像圣经里的摩西让红海一分为二一般，露出大片滩涂。这是海鳗极好的栖息地。这里海涛汹涌、滩涂土实，使得海鳗肉质尤为紧实。第二个原因来自高兴人的信念。高兴人深信，海鳗是村里老人长寿的秘诀，也代表福气。壬辰倭乱中，高兴的一位宋夫人为保全节操自刎，当地人认为是宋夫人送来了海鳗。至今，每年农历一月五日都举办祭拜仪式，缅怀宋夫人祈祷渔获丰收。

● 　鳗鱼的功效

　　自古以来，韩国的老祖先便深谙海鳗的功效，把它端上了餐桌。

　　"可治痔疮、脱皮、癫疮、外阴瘙痒。久病结核未愈，食鳗汤或干烤鳗有奇效。"
　　　　　　　　　　　　　　　　　　　　　　　——《东医宝鉴》

　　海鳗中维生素 A 的含量大大高过青花鱼与猪肉，有益视力，能治疗夜盲症。它还含有大量维生素 E，能促进血液循

物产丰富的得粮湾滩涂

环，预防衰老，含钙量也远高于青花鱼与猪肉。韩国传统医学将鳗鱼视为夏季滋补食品的代表。海鳗的脂肪酸里含 EPA 和 DHA，有利于改善动脉硬化或血栓，还能滋润肌肤，润滑关节。它的体液含"黏液素"（Mucin），是一种动物外分泌腺产生的黏性糖蛋白质，能形成一层薄膜保护器官，起到润滑剂的作用，有助于降低胆固醇，还能保护胃壁、排毒等。

● 　鳗鱼的种类与差异

鳗鱼种类繁多，常见的有白鳗、盲鳗等。海鳗在韩语中被称为"犬鳗"，"犬"与韩语中的"滩涂"同音，所以通常被认为是由于出自高兴滩涂而得名，其实这个名字来源于它的牙齿。《兹山鱼谱》提到，海鳗的牙像狗牙一样参差不齐，所以称为"犬牙鲡"，俗称"狗鱼"。

【海鳗】
鳗鲡目海鳗科。主要栖息于大海沿岸的底层泥滩里，又称"真鳗"，具有看到什么都扑上去撕咬的习性，也取其日语名发音，称"哈莫"。

【盲鳗】
盲鳗目盲鳗科。韩国的路边摊常有盲鳗烧烤。它主要栖息于沿岸深海处，是一种原始形状鱼类，进化程度较低，在韩语中因谐音又被称为"熊鳗"。

【白鳗】
鳗鲡目白鳗科。俗称"淡水鳗"，是韩国餐厅里最常见的鳗鱼，主要生活在河川、湖泊等淡水区。近年来，市场上的白鳗多为人工养殖。

【星鳗】

鳗鲡目康吉鳗科。生活在深海底层，外形与海鳗区别不大。它生活在又深又暖和的海底，侧身有孔，也取其日语名发音，称"阿那果"。

● 下岛捕鳗

高兴是"岛乡"，半岛周边围绕着众多小岛屿和小码头，景色秀丽。下岛是其中的一座附岛，岛上居民主要以捕鳗为生。随着生活水平的提高，岛民只需走过一座桥便可从岛上来到陆地，但岛上数百年来世代相传的捕鳗景象始终如一。每年一到 5 月，整个村子便忙开了，老人忙着绑钓钩，青壮年专心准备出海，全村上下没有一个闲人，恨不能手脚并用。

用抓到的海鳗做成渔船上的一桌午餐

海鳗在高兴的地位有多高，单看鱼饵便知。当地用来吸引海鳗的饵料竟是宝贵的鲅鲫鱼。来到高兴，可以看见不少一起捕鱼的夫妻档，妻子将鲅鲫鱼收拾干净，丈夫将鲅鲫鱼穿进钓钩。做这些工作得一直保持蹲坐的姿势，时间久了累得腰都直不起来，雇来的船员受不了，往往连夜逃了，所以只好夫妻齐上阵。穿好了鱼饵，渔民一刻也不停歇，直接出海。从下岛出发，乘船半个小时来到目的地——海鳗的主栖息地"双柱石"。晃动的渔船上，丈夫从船栏间投出浮标，妻子按一定的间隔不断投鱼饵，丈夫边驾船边观察妻子的动作，根据妻子投饵的速度调整船速，眼见妻子手中的浮钓桶快要见底时，丈夫已准备好下一个浮钓桶，二人配合十分默契。天色渐暗，海鳗挡不住鲅鲫鱼的香甜诱惑，朝水面翻涌，捕鳗工作正式展开。力大的海鳗即使被鱼钩钩住，仍会拼命地扭动，它有着咬住什么就不松口的习性，所以常会咬住自己的同类。

捕鳗前穿鱼饵的渔民

捕鳗用的鱼饵

海鳗做成的鱼脯

● 高兴的海鳗食谱

数百年来，海鳗为高兴人带来力量，让他们得以在此建村，生活兴旺，保家卫国。那么，一代代的高兴人是如何享用海鳗，又是如何传承独特风味而百吃不腻的呢？当地淡水鳗和盲鳗一般用于烧烤，大海里现捞的天然海鳗最适宜作成生鱼片。海鳗浑身有大量的小刺，一刀切下会发出"咔嚓咔嚓"的声音，让人有种已经入嘴咀嚼，品尝到味道的错觉。将海鳗斜着切成片，吃起来能感受到它肉质独有的绵软。它浑身鼓鼓囊囊的鱼肉是毕生在海浪与滩涂中锻炼出来的，让人越嚼越香，加上小刺的独特口感，其他生鱼片无可比拟。

【辣拌生鳗片】
　带皮的海鳗吃起来更健康，也更香。连皮切成片，加上新鲜的蔬菜和高兴产的柚子，拌匀即可上桌。

【烤海鳗干】
　高兴人喜欢吃海鳗干，将海鳗处理干净后在阳光下晒干即可，晒过四五个小时的海鳗干用来烧烤亦可，海鳗干烤起来既不会黏在烤架上，也不像新鲜海鳗一样一受热便蜷缩起来。烤过的海鳗干口感筋道，不加任何调味料，也能让人吃得津津有味。这是只有在高兴才能吃到的特色菜。

【海鳗酱】
　海鳗浑身是宝，内脏能制成鱼酱。撒点盐放进缸里，等待足够长的时间进行发酵。发酵好的海鳗鱼酱研磨后，加上各种蔬菜和调味料上桌，特别下饭。

【全鳗汤】
　高兴人爱吃海鳗汤，夏季滋补时喝，宿醉解酒时也喝。当地人将整条海鳗随意地切成几段煮汤喝，称为"全鳗汤"。海鳗连骨放进锅里，用文火煮出骨髓，熬成浓汤，煮法与韩国的泥鳅汤相近，加入凉水中发过的干萝卜缨，抹上大酱和野芝麻粉，放进锅里一起熬煮。汤里通常会放入大酱、大蒜和辣椒粉调味，有时还会放蜂斗菜梗，吃起来更有嚼头。海鳗浓汤炖出鳗鱼骨髓深处的美味，不但不油腻，还很鲜甜，有一种绝无仅有的清新和香浓。

● 配柚子的鳗鱼菜

高兴的美味被概括为"九品八味"，其中"第一味"便是海鳗，而"第一品"则是柚子。高兴柚沐浴海风成长，比一般柚子香味更浓，与鳗鱼搭配，带来的是不一样的惊艳口感。海鳗油润肥腴，配上去腥的柚子，可以取代牛肉入菜。

【柚子酱烤鳗】

取十余种中药材与蔬菜熬成汤头，放入大量蜜腌柚子，收干后制成调味酱。在多刺的海鳗上切花刀，置于烤架上，一边涂调味酱，一边烘烤。柚子酱的甜蜜浸润肥腴的鱼肉，吃起来仿佛在柚林中吃烤鳗一般。

【海藻糖醋鳗鱼】

捣碎鱼肉，加上研磨成粉的海带、海苔与辣椒，蘸淀粉与鸡蛋液，炸成香酥的鳗鱼块。再用蜜腌柚子调制糖醋鱼酱，浇淋于炸好的鳗鱼块上，嫩黄色的柚子酱清爽解腻。一入口，鳗鱼的风味充盈口中，高兴柚的香味直冲鼻腔。

【鳗鱼黄瓜膳】

海鳗不仅适合与柚子同吃，与黄瓜也很相称。将黄瓜切段，从侧面切花刀，在瓜肉间夹入鳗鱼肉与鸡蛋丝，加醋水调味，做成鳗鱼黄瓜膳。黄瓜的清新与鳗鱼的香浓可谓绝配。

黄桥益的味觉专栏

日味海鳗与韩味海鳗

日本人比韩国人更爱海鳗。从日本殖民时期至今,高兴的海鳗便一直出口日本。但对于海鳗何时最美味,韩国人和日本人的看法大相径庭。日本人7月后就不吃海鳗了,他们觉得太油腻不好吃。与此相反,韩国人认为7月后的海鳗,浑身浸满了油,才更美味。

日本最出名的海鳗料理是"汤引鳗",将海鳗片成片,再细细地打上花刀,放入海带与鲣鱼干熬的汤中稍微氽熟,然后蘸酱油或酱料吃。韩国的代表海鳗料理则是"海鳗汤",将海鳗切成几段,用文火熬煮,在汤内放入蕨菜、绿豆芽、芋头、紫苏叶、辣椒粉等,汤沸后改大火,再加上蒜、花椒粉、青辣椒等调味。

清淡与浓重、简单与复杂、原味与调味,两个民族凭着味觉差异做出的海鳗差别之大,简直完全无法归类为同一食物系统之中。人的味觉由自小饮食习惯而定,但不管怎么说,食物应该最大限度地呈现食材的原味,那么放在过多调料的汤里可能并不是个好主意,因为在那种调料汤里就算放的不是海鳗也无所谓。

平昌马铃薯

——江原道的力量

江源道

平昌

◉

江原道人被称为"岩下古佛"，
饱经风霜，坚韧不拔，
随时准备好迎接新的挑战。
申办冬奥的平昌，
屡战屡败，屡败屡战，
三战后终于拿下，
靠的也是这种精神。

马铃薯与平昌人终生相伴，
如家人般难以割舍。
它在山区人的巧手下变化无穷，
积累了深厚的情感。
平昌人的生活朴素而充实，
与马铃薯格外相称，
以惊人的内张力
唤来无限的凝聚力。

◉

马铃薯，传承两百年的江原道力量

漫长的梅雨季一过，平昌的马铃薯田上拖拉机声就再没有停过。马铃薯4月起吸收了满满的天地灵气成长起来，拖拉机一开过，露出一张张意气风发的脸。大型农田可以借助机械力量来挖马铃薯，但挑选作业只能靠人手。马铃薯是目前世界上适应力最强的农作物，从海滩到海拔4,880米的高山地区，从炎热的非洲到下雪的冰岛都能看见它的踪影。马铃薯来自南美的安第斯山脉，16世纪时西班牙殖民者皮萨罗把安第斯马铃薯带到了欧洲，而后传往全世界。一开始，人们认为马铃薯生长在地下是不洁之物，不愿接受它。大饥荒时期和战争中，百姓饱受饥饿，这时，马铃薯远胜过其他作物，最终成为各国人民的主食，而且根据各地特色还演化出多种多样的食物。韩国也不例外，江原道地区尤其典型。

《朝鲜王朝实录》记载，朝鲜纯祖二十四年，清朝人来朝鲜挖山参，但山参非种植作物，找起来可能得花上一个月，甚至是一年。挖参人在山里漫无目的地找着山参，迫切需要的东西就是粮食，他们带来的粮食正是马铃薯。不知道他们最后挖

马铃薯一定要经过人手

颗颗饱满的平昌马铃薯

到了多少山参，但重要的是，他们留下的马铃薯成了韩国的重要作物。虽非本意，不过等同于韩国用参换来了马铃薯。根据《五洲衍文长笺散稿》记载，挖参人后来回到清朝领地，但留下了马铃薯田，当地人得知后开始耕种。不过直到日本殖民时期，马铃薯种植才实现了规范化。当时，日本人逼迫朝鲜半岛的人民上缴全部的大米，朝鲜半岛急需要一种替代的粮食作物。马铃薯对土地的适应力强，于是开始普及并得到进一步的发展，历经两百年时间传遍了整个朝鲜半岛，化身多种食物，可以说每一颗马铃薯都有故事。

● 　横溪马铃薯的故事

对于江原道上刀耕火种的"火田民"来说，马铃薯是重要的粮食来源。它维系了江原道人的生命，解决了一国之君都束手无策的饥饿问题，贫困的农村甚至通过种植"种薯"实现了高收入。"种薯"顾名思义是马铃薯的种子，江原道种薯的供货对象遍布整个韩国。当温度超过30℃，马铃薯就会停止生长。而江原道属于高寒地区，温度低，所以马铃薯向来长势喜人，尤其是平昌种薯，生长时间长，晚上休息、白天生长，营养成分富集，吃起来口感密实。颗颗饱满的马铃薯营养价值极高，拿去蒸也不会出现分层，美味独一无二。

● 慧心巧手烹制马铃薯

　　平昌人经常"蒸线麻"，将线麻蒸熟后去皮。这个活计做起来非常费工夫，需要多人合作。首先，要挖一个深深的大土坑，放进石头，烧火烤热后，在上面放上整捆的线麻，接着淋水，利用水蒸气来蒸。当地人在蒸线麻的土坑边上另挖一条小道，引出部分水蒸气来蒸马铃薯，这就是"蒸线麻马铃薯"。饥饿年代，每到炎炎夏日，平昌的都沙里村只要蒸线麻就少不了蒸马铃薯，这给村民留下了许多大汗淋漓的美好回忆。烤热了石头，准备好马铃薯，就剩挖洞泼水了。村民们高喊着"火啊！"泼下水，立马挖土填坑，以防止水蒸气散发，这样，旁边的马铃薯才能熟透。这事说起来容易做起来难。如果

生长于高寒地带的平昌马铃薯，品质优良

不小心被烫伤，还可以拿生马铃薯急救。一整天又是搭石头又是烧火，只见白烟袅袅，直冲云霄。经历漫长的等待，才能吃到蒸线麻马铃薯。有趣的是，平昌人会在马铃薯上涂大酱吃。

韩国人吃蒸马铃薯时一般蘸白砂糖或盐。人体消化糖时会损耗马铃薯内的维生素 B1，所以从营养学角度来看，配糖吃并不好；而配盐吃的话，马铃薯内的钾可排掉盐里的钠，比较合理；而搭配大酱来吃，马铃薯的钾不仅能排掉盐里的钠，大酱里的蛋白质成分还会在发酵过程中产生胜肽（Peptide），有抗氧化的作用，对健康更有益处。

【马铃薯打糕和爆炸酱（江原道式调味大酱）】

马铃薯去皮后煮熟，可以做成马铃薯打糕。马铃薯富含维生素 C，过水煮后，还能保留 70% 之多。做马铃薯打糕一定要放马铃薯淀粉。煮熟的马铃薯先放些许盐调味，接着像做面疙瘩一样，慢慢加入马铃薯淀粉。待马铃薯淀粉熟透，再和马铃薯一起压烂，马铃薯打糕就做好了。吃马铃薯打糕时不能少了爆炸酱。蒸熟的南瓜叶上放上马铃薯打糕和爆炸酱，卷起来便是马铃薯包饭。这是一桌原汁原味的农家菜。

【马铃薯饭和马铃薯饼】

马铃薯饭里要放山蓟菜。山蓟菜煮熟后，加入大蒜、芝麻和麻油，用手翻拌轻压，直至浸透入味，然后放到大米和马铃薯上，一起煮成马

口感弹牙，口味清淡的马铃薯面条

三色马铃薯做成一桌菜，秀色可餐

铃薯饭。马铃薯碾成泥，加上剁碎的韭菜、辣椒和蒜蓉，还能做成风味独特的马铃薯饼。

【马铃薯面片和"小嗡心"】

马铃薯用碾磨板碾碎成泥，挤尽水分，水分沉淀后的固体就是淀粉。把沉淀出来的淀粉加进马铃薯泥揉成面团，会更有韧劲，揉起来更容易，吃起来口感也更佳。从马铃薯中分离出三样东西，将其中两样混起来，这个准备过程十分繁复。不过揉好面团，再做成面片就容易多了。把马铃薯面片平铺放入蒸笼里，蒸透就可以吃了。马铃薯泥加淀粉还能揉成小圆子，江原道方言里称"小嗡心"，放入鳀鱼熬煮的高汤中煮熟即可。

【马铃薯面条】

碾磨板上碾好的马铃薯泥趁热揉搓后，放入压面条的容器里，用杆按压，从容器底部的一个个小洞里就会挤出面条。压好的面条马上过凉水，会更有弹性。马铃薯面条味道纯正，适合裙带菜凉汤等各种不同汤头。

【干玉米碎】

碾马铃薯时，最适合用碾磨板，而磨干玉米碎的时候，最适合用石磨。做玉米饭又少不了黑铁锅，磨好的干玉米碎在黑铁锅里慢慢煮熟，香味四溢。马铃薯富含维生素，玉米富含纤维质，两种食物一起吃，取长补短，是非常好的食物搭配。

传统医学认为，马铃薯补气，健肠胃，鸡肉也同样属于补气的食物，一起吃的话补气效果加倍，还能坚固胃肠，促消化，促吸收，味道也好，自古以来就备受推崇。平昌天气寒冷，当地人因地制宜，把马铃薯冰冻后捣碎，再蒸熟，这时马铃薯呈黑色，接着压成面片裹入大豆馅，做成马铃薯松饼。大豆可以补充马铃薯缺乏的蛋白质，口感也更好。

黄桥益的味觉专栏

马铃薯, 走了 "男爵", 来了 "秀美"

　　马铃薯让江原道人怀念故乡, 但其实以前它一直是穷苦的象征。日本殖民时期朝鲜半岛的大米被掠夺精光, 于是只好种马铃薯替代粮食, 让朝鲜半岛人民不至于饿死, 种植面积才迅速扩大, 马铃薯的推广可谓 "身不由己"。到了现在, 马铃薯既不当一餐饭, 也不作零食, 最多只是作为一种食材使用。

　　马铃薯分为 "粉质马铃薯" 和 "黏质马铃薯"。煮过后薯皮开裂, 出粉末, 入口有粉感的是粉质马铃薯。日本殖民时期, 朝鲜半岛广种的 "男爵" 品种就是粉质马铃薯。但这个品种种植起来比较困难, 所以逐渐消失了, 韩国人忘了它的来源, 误以为来自本土, 反而开始怀念它。

　　最近, 美国传来的一种叫作 "秀美" 的黏质马铃薯种植较广。这个品种质地较黏, 马铃薯特有的香味也比较淡。韩国人吃着索然无味的 "秀美", 怀念起日本殖民时期用以取代大米而被日本人扔下的 "男爵", 反倒以为那是韩国土种了。这就是我们生活的现实。

自然的味道

慵懒又生机勃勃的春日。
凉爽又火热生长的夏日。
晴朗又颗粒饱满的秋日。
粗暴又温暖拥抱的冬日。

当下自然奉献的食材，
像极了当下的空气。
传递自然气息的家常菜的故事。

巨济岛冬日鳕鱼

——情至深，味至美

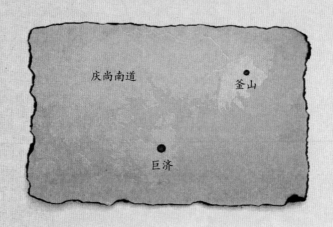

庆尚南道

釜山

巨济

●

巨济岛雪花飘落，
老朋友鳕鱼悄然而至。
伴随旭日初升，
向它许下新年的愿望。

宴席和供桌上少不了它，
它象征供奉的恭敬，也代表福气。
凶险的大海都不能阻挡它的脚步，
为当地人带来生活的动力。

镌刻着岁月，装帧着沉重，
它与人们并肩，与大海同哭笑。
生活，是历史，也是伟大的餐桌。

●

● 割网得鱼

鳕鱼在巨济岛的外浦里被人工授精后再放回大海自然放养，雌性鳕鱼卵和雄性鳕鱼精子混合后撒到海水里，再把鱼苗撒在马尾藻上。生存下来的鱼苗和真正的野生寒流鳕鱼没有两样，也会游走数万里，直至白令海，追寻冰冷的海水。到了产卵的冬季，再度回到家乡巨济岛，像它们的妈妈曾经做过的那样。

一年中最冷的时候，外浦港开始忙得昼夜不分，正是因为鳕鱼。当地1月份禁捕鳕鱼，其他月份也仅指定了约70艘渔船可以捕捞，以保护产卵期的鳕鱼。以往每到冬天，巨济近海简直是鳕鱼的天下，但由于大量渔船的任意捕捞，导致鳕鱼出现了灭绝的迹象，一度甚至因数量稀少而被称为"金鳕鱼"。后来政府下达了限制捕捞鳕鱼的命令，刚开始当地渔民强烈反对，但鳕鱼濒临灭种的惨痛教训历历在目，后来他们选择遵守休渔令。对渔民来说，鳕鱼是他们的生命线，只有守住生命线，渔民才有活路。

顶着凛冽的寒风，一艘艘船只满载希望驶向大海，沿船路行驶约二十分钟，来到有"鳕鱼黄金渔场"之称的镇海湾。渔船纷纷停下，开始收之前布好的渔网。捕捞鳕鱼用的是一种叫"壶网"（pound net）的渔网，在鳕鱼的移动路径上放一条长长的渔网"长洞"，鱼入网后再用三角形渔网拉回来。鳕鱼先随着长网游动，待它们游到渔网尽头出不去时，就被网住了。

但大海不肯轻易交出鳕鱼，时常让长长的渔网打结缠绕，遇到这种情况希望落空的渔民只能干着急。这样一来，好不容易网住的鳕鱼大部分都会死掉，缠绕在一起的渔网也只能割断。对毕生在海上讨生活的船长来说，渔网重如生命，要亲手割断简直如剜心剖肺一般。

尽管如此，渔民还是无法放弃鳕鱼，与酷寒凶险的大海作战，是他们注定的命运，绝望中带来力量的还是鳕鱼。鳕鱼是关系巨济岛渔民一年生计的"农事活动"。因此，它又被渔民称为"冬季贵客"。

西海也有鳕鱼。顺着寒流游到西海的鳕鱼，无法回去，被困在西海，逐渐本土化。西海鳕鱼长度不超过50厘米，又被称为"歪鳕鱼"或"小鳕鱼"。

捕捞鳕鱼的船一靠岸，安静的港口很快热闹了起来。鱼卵

外浦港一到冬天便是鳕鱼的天下

鼓鼓囊囊的鳕鱼是巨济的代表特产，慕名而来的客人络绎不绝。人们忙着鉴别公母，查看新鲜度，准备拍卖。拍卖开始了，似乎才一眨眼的工夫交易就结束了。商人们个个忙得不可开交，只为买到鱼卵饱满的新鲜鳕鱼。

● 历史上的鳕鱼

鳕鱼曾经改变世界历史，冰岛和英国曾围绕冰岛海域的鳕鱼捕鱼权展开过三次"鳕鱼战争"，可见全世界的人都爱鳕鱼。当然，韩国也不例外。

朝鲜总督府的文献中提到，签署《乙巳勒约》的第二年，即1906年，义亲王将当时属于大韩帝国王室财产的巨济鳕鱼捕鱼权出让给日本的个体户，且长达十年之久。以巨济岛渔场租借为开端，整个朝鲜半岛的渔场都未能逃脱厄运，全数落入日帝魔掌，数不清的日本渔民拥入。

为什么日本对朝鲜的渔场如此贪婪呢？学界普遍认为，日本国内对鱼肉的需求量日益增加，且日俄战争导致日本渔获每况愈下，因此日本将朝鲜半岛的渔场视为宝贵资源。巨济岛捕捞到的鳕鱼，全部运至日本下关，下关是当时日本水产流通的中心，与巨济岛距离很近。

经历漫长岁月后，巨济岛鳕鱼终于回归韩国，在日本逐渐销声匿迹，不过韩国的鳕鱼汤文化仍留在了日本。

● 祖先热爱的鳕鱼

《东医宝鉴》中首次提到了鳕鱼的药效，提到它能"固气养精"。《贡膳定例》记载，味道鲜美的鳕鱼被做成御膳进贡。那么，古代韩国如何烹制鳕鱼呢？《饮食知味方》中介绍了多种鳕鱼皮的烹制法。

【鳕鱼皮拌菜】

1. 鳕鱼晒到半干后剥下鳕鱼皮；

2. 鱼皮与辣椒、大蒜、香菇等切成条状；

3. 所有食材和小葱在平底锅上翻炒，加入酱油调味。

【辣拌鳕鱼皮凉菜】

1. 烫熟鳕鱼皮；

2. 大葱切成3厘米长的小段，用鳕鱼皮裹起来；

3. 在水中加醋、酱油和面粉煮熟，调成酱料；

4. 将酱汁浇入。

【鳕鱼皮饺】

1. 鳕鱼皮在温水中浸泡；

2. 雉鸡肉（或鸡肉）与各种菌类（香菇、黑木耳）等切碎；

3. 拌匀切碎的食材做成馅，包在鳕鱼皮内，呈扁平状；

4. 放入雉鸡汤（或鸡汤）加面粉煮开。

● 大金村的鳕鱼料理

韩国最有名的年菜是年糕汤，农历新年早上一定要吃。巨济岛的年糕汤和一般年糕汤不太一样，先将整条鳕鱼煮成鳕鱼汤，要熬煮一个小时左右，待鳕鱼的鲜味全都渗进汤里，才在汤里加年糕。吃的时候还要配上鳕鱼卵腌酱，以及用鳕鱼鳃和内脏做成的肠脂腌酱。这种吃法相当于吃到整条鳕鱼，能充分感受到它的能量。在巨济岛，不吃鳕鱼年糕汤就没有过年的感觉，这是当地必备的年菜。

【咕噜蒸（鳕鱼蒸老泡菜）】

咕噜蒸也是一道年菜，因为吃起来特别顺口滑溜而得名。酸酸的老泡菜切丝，放入新鲜的公鳕鱼鱼白（睾丸），拌开后，再放入鳕鱼肉一起蒸。美味的秘诀是等待，要让老泡菜的酸味充分渗进生鳕鱼肉中，得蒸上一个小时左右。

【鲜鳕鱼汤】

外浦港附近的餐厅里常年提供鲜鳕鱼汤，哪怕客人不点也会备好。

要用鲜鳕鱼熬出美味的汤，最重要的是找准骨头关节，沿着缝切开，骨头里的汁液流出，使汤味更鲜甜、更有层次。鳕鱼肉放进滚烫的水中轻氽，不能煮太久，鱼肉才不会散开，还能保持弹牙的口感。要是放入当地人最爱的鳕鱼鱼白，气味会更香，味道也更浓郁。

【药鳕鱼】

巨济岛有个非常独特的风俗，冬天时将鳕鱼入药，做成药鳕鱼。做

给渔民带来温暖的鳕鱼汤

巨济岛新年餐少不了鳕鱼年糕汤

药鳕鱼最重要的步骤就是处理鱼鳃，不剖开鱼腹，从鱼鳃处掏出鱼内脏，但又不能碰到鱼卵。洗净又掏空内脏的鳕鱼，在内脏的地方塞满粗盐，挂到屋檐下，经过三个月的风吹日晒，结冻又化冰，多次反复后才能做成。可惜的是，如今几乎没有人做药鳕鱼了。

【鳕鱼越冬泡菜】

冬天抓鳕鱼虽然忙碌，但一定要挤出空来做鳕鱼越冬泡菜，这是当地流传已久的风俗。鳕鱼越冬泡菜是巨济岛独具特色的越冬泡菜，可以放上一整个冬天，慢慢品尝。鳕鱼数量锐减以来，会做鳕鱼越冬泡菜的人越来越少，只有记得那种味道的人才能做得出来。

【热作】

做完鳕鱼越冬泡菜，就要开始做"热作"了。剖开鳕鱼的背，挑出鱼骨，连着鱼头对半切开，再拿去晒干就可以了。处理好的鳕鱼肚子里

当地习惯吃鳕鱼吃上很久，做成药鳕鱼（左起第三个）和热作

要横插小树枝，防止它缩起来，然后把鱼肚朝向太阳，挂起来晒。寒冷的冬天，软硬适中的热作被作为零食，当地人随时随地啃着吃，用来打发时间。热作也能入菜，不需要加什么酱料，加辣椒粉和辣椒蒸煮，就能做成"蒸热作"。跟其他地区的蒸鱼不同的是，蒸热作时只放辣椒粉和辣椒，因为晒得恰到好处的鳕鱼蒸的时候会出水。

【鳕鱼酱】

做鳕鱼越冬泡菜的最后一步就是做各式鱼酱。巨济人用最爱的鱼白做成鱼白酱，在鱼白里加入粗盐、辣椒粉、芝麻盐，腌上半个月后就可以吃了。鳕鱼卵中加入适当的盐调味，在阴处晾干，待鱼卵外表呈黑色，质感就会发生变化，浓稠的盐在鳕鱼卵里会释放氨基酸和乳酸，促进发酵。鳕鱼的鱼鳃用盐调味放上半个月晒干后，再放入爽脆的萝卜和辣椒粉拌在一起，做成鳕鱼鳃酱萝卜块泡菜。

晒鳕鱼时一定要让鳕鱼的肚子朝阳

鳕鱼，白肉的气质

鳕鱼的白肉不轻薄，也不厚重，带着与世无争的淡然。为了完整体现白肉的气质，一般煮汤来吃。放入大量辣椒粉和大蒜的鳕鱼辣汤中仍保留白肉的甜味，不过鳕鱼够新鲜的话，煮成清汤最能感受它的甜味。想要让甜味更深邃，最好选用晒了几天半干的鳕鱼。稍微晒过的鳕鱼可以直接吃，生鳕鱼干稍带黏性，味道经过浓缩，鲜味更浓。

白肉的气质要搭配口味稍重的食物，味道才能凸显。鳕鱼的鱼卵、鱼鳃、内脏用来腌鱼酱，更能成就鳕鱼白肉的味道。鱼卵、鱼鳃、内脏做成的鱼酱中加入白萝卜，浓厚的发酵香味中带着爽口的感觉。

夹一点鱼酱，放在嘴里，再喝一口鳕鱼清汤，白肉淡然的气质发挥到了极致。否则从头到尾只有淡然的话，鳕鱼只是一团模糊。

旌善冬餐

——把我留在阿里郎坡下

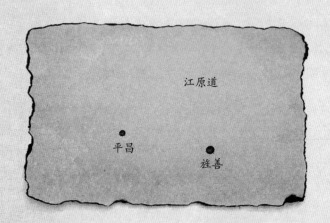

江原道

平昌

旌善

●

进出旌善不易，
却轻易被乡音和菜名打动，
那份直达心底的震颤，
无法言表。

口味易变，却也难移，
无法捉摸的刁钻，
恰是韩国独有的味道，
不放任，去挖掘它的长久价值。
在旌善寻找贫瘠土地上生存的智慧，
不正是餐桌的意义吗？

●

● 碓子声音回响在稻田里

　　来到旌善，并不仅是单纯地离开城市，更像是离开我们所处的时代，一路逆行，溯古而上。在层峦叠嶂的深山中，每一次呼吸，都像获得净化一般。旌善的冬天，沉淀着韩国人生活的味道，令人感到温暖。

　　来到江原道旌善郡临溪面稻田里，一走进村子，便听见碓子声。当地用的是"脚踩碓"，需要两个人一起配合，算得上是韩国老祖先的专利。当地人把马铃薯冻上一整个冬天，再用碓子捣烂。通常冻马铃薯到了3月就会脱皮，可以直接吃，当地人却将冻马铃薯放到碓子里捣碎了吃。重新加工过的冻马铃薯可以做成纯度百分百的优质粮食，却卖不出去，当地人只好自己吃，因为弃之可惜，毕竟花了许多时间和工夫。

【马铃薯面饼】

　　马铃薯面饼是一道典型的用冻马铃薯碾粉做成的菜。揉面时虽然加入烫水，但当地天气太冷，马铃薯面团很快就变得干巴巴的，因此揉面极费工夫，不过用揉好的面团做成面饼并不难，捏扁后在蒸笼里蒸两个小时，弹牙的马铃薯面饼就做好了。不需特殊馅料，外面也不用涂抹调味料，口味原始，制作简单，外表朴素，单纯而原始。

弹牙的马铃薯面饼　　　　　　在贫瘠土地上茁壮成长的荞麦

荞麦对环境适应能力非常强，在干燥甚至干涸的土地上也能茁壮成长，换句话说，它是懂得自生的聪明植物。荞麦虽然属于淀粉植物，但蛋白质含量相当高。在旌善贫瘠的土地上，它受尽千辛万苦长成，为人们带来必要的营养，着实了不起。旌善人都记得幼时肚子饿了，去偷正在晒的荞麦来吃。哪怕光阴荏苒，哪怕离家千里，到大城市生活的他们，对那个味道仍记忆犹新。

【荞麦米】

荞麦煮上六个小时左右，就会鼓鼓囊囊地裂开，水分挥发晒干后就是荞麦米，注意晒的过程中不要让它结冻。饥饿时期，荞麦米是村民的重要粮食，令人感激。

【荞麦面粥】

荞麦面粥是旌善代表食物。首先在生铁锅里烧水煮开大酱，接着放入用晒好的荞麦米和荞麦粉做成的荞麦面条，再放入盐腌的芥菜和家里自制的豆腐，荞麦面粥就做好了，一碗粥里集齐了蛋白质、维生素与碳水化合物，味美又营养。

● 如韩服褶皱般雪路交错的北洞里

江原道旌善郡画岩面北洞里海拔 580 米，沿路尽是陡峭的雪路，山势险峻，就算是旌善本地人，没准备好雪地装备，也不敢踏进山路一步。但正因为它的险峻，才得以保留了传统饮食文化，独有的手艺得以代代传承。旌善的山沟里生长着许许多多的药草，也许这是阿里郎坡知道旌善人看一次医生不容易，为当地人准备的礼物呢。

【盐酱芥菜】

盐腌的芥菜是旌善冬天重要的粮食，可以做饺子馅，还能加入各种菜肴。芥菜里含有丰富的维生素A、铁、钙等，在营养缺乏的冬季食用有益健康。

【葛根水（养生水）】

北洞里因葛根水而闻名，山上葛藤多，草药也多。"葛根水"又被称为"养生水"，夏天冰凉，冬天反而不太凉。葛根水里放入北洞里的各种草药，加一只鸡煮成"白熟"（白煮鸡），有益健康，滋补养生，非常有名。

【软筋汤】

荞麦看似柔软，其实很筋道，荞麦汤因而得名"软筋汤"。如今做荞麦面一般会加入面粉，但在面粉珍贵的时期，当地人单用荞麦面粉也能做面条。先在汤里放入大酱，煮开后放荞麦面条，待面条煮得差不多，乡土大酱香气四溢的时候，再加点芥菜，就可以上桌了。煮软筋汤时，要同时准备芥菜泡菜。芥菜用盐腌好，到了饭点，放入辣椒粉、芝麻盐、大蒜一拌就好。一碗热腾腾的软筋汤，再配上冬天仍很新鲜的芥菜泡菜，简朴中充满了母爱般柔软的暖意。

● "拉拉扯扯"间造就大村美味

黄豆好种，旌善地区广种黄豆，用黄豆做成的食物也相当

冬天旌善餐桌上独挑大梁的盐腌芥菜

当地人用脚碓舂东西

多。旌善的石磨不是自己一个人操作，而是需要两个人配合着来。两人一同抓住石磨的把手，一个人推，另一个人顺势一拉，接着再推过去，一拉一扯之间速度就快起来了。德右里的大村用黄豆做菜时少不了这种石磨。

【黄豆羹】

生黄豆去皮，在水中泡软后放入石磨里碾磨，同时准备好大麦和马铃薯。烧柴火，煮黄豆水，待豆香撩人，豆水翻滚着像花一样绽开时，放一点盐水调味，去除黄豆的腥气。腥气完全消散后，黄豆羹就做好了。吃的时候可拌酱料，也可以不用拌，因为大村黄豆本身味道就很浓郁，吃起来可能稍嫌单调，但余香无穷。

【玉米糊糊】

糯玉米粒晒干，加盐、糖各一勺，除此以外不需要其他调味料，直接煮着吃。晒干的玉米粒煮透差不多要二三十分钟。

● 山野菜和草药的家乡

旌善郡画岩面物云1里生长着五加皮、顶级的天参、三枝九

两人互相拉扯手中的石磨把柄转动石磨

叶草、黄芪、葛藤花、野菊花等药草，春、夏、冬三季村民勤挖不懈，全部榨成汁液备用。五加皮又被称为"树上山参"，据说包治百病。当地人用做好的草药汁液入菜或腌东西时用来调味。

【五加皮汁液】

五加皮汁液里放入大量红枣、松仁、核桃等，做成"五加皮营养饭"，放入山蓟、马蹄叶等山野菜做成"五加皮紫菜包饭"。五加皮汁液味苦，不过煮饭时苦味消散，反而别有风味，因此特别适合用来做饭。

【盐酱紫苏叶】

紫苏叶仅限秋天采摘，香气、口味和质感最上乘时只有两三天。秋天芝麻收成时，趁紫苏叶发黄前摘下，泡在盐水里腌制，也是一道美味的秋日食物。马蹄叶也可以和紫苏叶同时浸泡在盐水里，捞出来去除盐分后，再放到大酱里腌制，用来包米饭吃，风味独到。

网上的资料中提到，旌善传统菜饺只用新鲜芥菜泡菜做馅，其实传统饺子里还会放入野猪肉，村民会到大雪覆盖的山上抓野猪，可见资料和实际情况有很大的出入。旌善不同地区饺子做法也不太一样。同样是菜饺，却也有多种味道，韩国菜的乐趣也许正在于这样微妙的多样性。共存的餐桌，韩国人的餐桌。

后山的山蓟菜秆是郎君你爱的口味，
凶年如是，春天照样来。
阿里郎，阿里郎，阿拉里哟！
郎君把我留在阿里郎山，
旌善邑内的水碓一年四季含着水转啊转，
我的郎君为什么不懂得抱着我转啊转？
阿里郎，阿里郎，阿拉里哟！
郎君把我留在阿里郎山。

——《旌善阿里郎》

黄桥益的味觉专栏

玉米，来自安第斯的晴朗天

玉米矗立在田间，背后是湛蓝明亮的秋日天空，好一幅熟悉的韩国农村秋景。不过考虑到玉米的渊源，那片明亮的天空恐怕应该是安第斯的某片天空。全世界头顶着同一片蓝天，安第斯的天空和朝鲜半岛的天空其实并无二致。换句话说，这片熟悉的地球风景中，有着玉米。

玉米的味道基本在于淀粉，只比淀粉微甜。淀粉多半来自植物，因此玉米甜味后带着些微的青草香。草青味太重，吃起来难免有熬草浆的味道，但极似秋日暖阳下农村围墙的味道。我们在玉米中感受到的乡愁，也许恰恰来自这股味道。同一片天空下的安第斯人，闻到玉米味道时也会思乡吧。

谁都有故乡，而故乡的天空，与玉米摇曳的安第斯天空连成一片。

雪蟹

——东海岸的冬日贵客

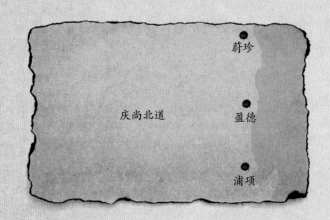

蔚珍

庆尚北道　　　盈德

浦项

●

东海岸的冬天，
是千年客人到访的节日。
守护盈德夜晚的灯塔
星星点点地熄灭，
港口的一天开始了。

御宴上的贵客雪蟹，
让东海渔夫又哭又笑，
年复一年，在蜕壳中慢慢成长，
蟹肉饱满结实，
接受渔夫的恭迎。
好一个大海的宝物，
让东海岸村民自信满满，
各自标榜元祖地位。
想在餐桌上尝到雪蟹的真正美味，
就得在冰冷的大海中破浪起航，
茫茫大海中，
渔夫又抛起了希望的船锚。

●

- 美味雪蟹，王石礁之宝

　　大雪纷飞，渔船无法出海时，渔民得以小憩，港口拥有片刻的宁静。每逢盈德瑞雪，便有贵客光临，这位最受欢迎的客人正是雪蟹。

　　出海航行一小时二十分钟，可以看到浮标的位置。雪蟹黄金渔场位于王石礁，距离港口约 20 千米，属于大陆架地区，暗礁呈长条状延伸。王石礁是雪蟹的故乡，已有数千年的历史传承，在渔民眼里，是"寸土寸金"的宝库。

　　大型渔船出海时会一直驶到近海，每趟出海，都得有三四天漂在海上，能捕获上千条鱼。沿海的雪蟹船根据当日状况，一般会在下午或傍晚归航。一旁打下手的多是自家人，也就是

下雪的盈德是雪蟹的故乡

说，一艘雪蟹船关系到全家生计。渔获少的日子，不需要上联合市场销售。卖雪蟹是小规模直售，由渔民自己定价，收入多寡全靠价格高低，这样的销售方式已经维持了数十年。他们对雪蟹充满自豪，认为这是上过御膳的好东西。渔民守着一方渔场，以高品质的雪蟹支撑着自豪感。

渔民一拉起网来，只见渔网间雪蟹排列成行，让人真切感受到雪蟹的"旺季"。抓雪蟹是渔民的本业，保护雪蟹也是渔民的责任。雪蟹一年才长大区区1厘米，所以渔民会将母蟹和幼蟹放生，以保证明天的生计。雪蟹看似全身武装着铁甲，但渔民处理起它们来，就像是在处理瓷器一样慎之又慎，解开缠绕的渔网时，唯恐弄掉一只蟹脚，因为这样就卖不出好价钱了。

隆冬，雪蟹的肉越发紧实。刺骨酷寒中，五十川最角落的

江口港拍卖雪蟹时大排长龙

一个小港口——江口港聚集了许多美食家，大排长龙，十分壮观。每年约有三百万人聚集在江口港，这已久负盛名。就在最冷的这几天，远航出海的大船归港，负责旺季生意的中间商开始奔忙了。

江口港12月进入雪蟹渔汛季。韩国有不少螃蟹名字里带"雪蟹"二字，却各有不同。"似雪蟹"是青蟹的别名，它的味道和样子极似雪蟹，却因为是杂交品种受到冷遇，很是可怜。红蟹的全名是"红雪蟹"，它生活在深海，壳硬，颜色绯红，在阳光照射下会流动着粉色光泽，在盈德作为顶级商品，待遇颇高。最大最结实的家伙是有名的"檀木雪蟹"，蟹钳上像挂上了黄色的臂章，因蟹肉像檀木一样结实而得名。雪蟹并非越大越好。只要蟹肉饱满，内脏澄黄，就算个头不大，仍是美味。

由于雪蟹需求量很大，供应商的流程也十分苛刻，这些流程是数十年间商人们边做雪蟹生意边形成的规矩。数千只的雪蟹一在联合市场的地上按大小铺开，激烈的拍卖就算开始了。拍卖者和中间商一边目测眼前的雪蟹，一边暗自估算，随时准备下手，市场上充满了剑拔弩张的紧张感。雪蟹拍卖顺序是根据渔船入港的先后而定，货多时，拍卖会持续半天之久。雪蟹交易量也往往超过其他鱼种数十倍之多。

冬天的东海有雪蟹

盈德雪蟹街

● 　蟹脚脯的智慧

　　卖相不好的雪蟹会被直接扔进锅台，既然卖不出好价钱，渔民索性拿去加工，还能保存得久一点。盈德流传下许多保存雪蟹的方法，其中最具代表性的就是"蟹脚脯"。蟹脚脯是一种蟹干，有人只取蟹脚晒干，也有人将整只蟹一起晒干。雪蟹壳极薄，只要二十天左右就能完全晒干，晒干后的蟹壳如纸般又脆又薄，很容易揭掉。蟹脚脯是当地非常重要的食物，让当地人在夏天和秋天的休渔期也能品尝到雪蟹的味道。

　　蟹脚脯吃法很多，适合入菜，揣在兜里当零食吃也行，稍微泡水，用麻油一炒再来熬粥也不错。盈德人还用蟹脚脯来熬解肠汤，做法与干明太鱼和黄太鱼类似，直接放进锅里熬煮成

老祖先为了留存雪蟹美味，发挥智慧做成蟹脚脯

高汤，不过最后用来点缀的东西不是蛋，而是干的蟹内脏。蟹肉中含牛磺酸和壳聚糖，内脏含核酸，互相搭配，不仅能让酒客缓解肠胃不适，还能有效预防中老年疾病。

蟹脚脯是一道代代相传的家常菜，婆婆传给媳妇，但如今已难觅踪迹。一位老婆婆回忆着自己当媳妇时的经验，做出了蟹脚脯，看似简单朴素，却营养丰富。身为渔民的妻子，她们的学习不是靠头脑，而是靠经验。

● 元祖村的争论

盈德内的车留村主张自己是雪蟹的元祖村。车留村的自尊心很高，村口立有题写"雪蟹元祖"的长生柱和碑石，面朝大海，仿佛在昭告天下。据说王族为了品尝雪蟹，会把马车停在这里，村名便是由此而来。

有趣的是蔚珍也有个元祖村。因村子的样子像怀了卵的雪蟹，因而得名"巨日村"。朝鲜时代，蔚珍的贡品就是雪蟹，这里离王礁石也最近，所以当地村民都主张盈德雪蟹的元祖应该是这里。

在专家看来，雪蟹是东海岸的特产，东海岸全线都能捕获，各地味道别无二致，与王礁石类似的海底暗礁群从蔚珍一直延伸到浦项，因此很难断言雪蟹究竟属于哪个村，事实上，它是整个东海岸共同的特产。

● 盈德雪蟹缘何有名

那么，为什么盈德雪蟹尤为有名呢？

原本交通不像现在四通八达时，东海岸地区抓到的雪蟹都会聚集到盈德，再发往大城市，这个传统保留至今。说起"雪蟹产地"，韩国人会自然地联想到盈德。来盈德的人多，雪蟹消费量大，供货商也会拥到此地。

提起雪蟹，浦项也有很多话可以说。九龙浦是浦项最大的港口，原以冻秋刀鱼干闻名，朝鲜时代时这里不过是一个宁静的渔村。日本殖民时期，九龙浦的命运发生了天翻地覆的改变。日本水产业者大量拥入，九龙浦成为东海岸最大的渔业前沿阵地，仅大型渔船就有120多艘，渔获量更是占庆尚北道地区总量的57%。浦项绝对有资本傲视盈德和蔚珍。

浦项雪蟹中，近海捕获的数量大大超过沿岸捕获的数量，捕蟹船甚至要开到日韩共同海域地区才能抓到雪蟹。那这些雪蟹的故乡又该算作是哪里呢？考虑到雪蟹喜欢移动的习性，有可能是从日本海漂过来的。因此，近年来中间商也不再计较雪蟹的产地，毕竟名头不重要，内里才最重要。

● 销声匿迹的雪蟹

20世纪50年代，雪蟹产量是现在的几倍之多，甚至多到足以代饭吃。雪蟹主要生活在韩国东海沿岸和日本的西南海沿岸浅海，签署《韩日渔业协定》之前，日韩的渔业权没有明确规定，两国渔船可以在海岸线上相对自由地捕鱼。但签署渔业协定后，双方对专属水域（EEZ）的概念加强，韩国能捕鱼的水域逐渐减少了，这成为雪蟹捕获量减少的决定性因素。由于渔获量减少，渔民开始滥捕，连幼蟹都不放过，于是造成了不可估量的损失。

　　日本东京市中心的筑地市场有着四百年的历史，一天的人流量就有 15 万，每天有 2,000 多吨水产品在这里交易，交易金额达 17.7 亿日元，是世界上规模最大的水产市场。年产量 1,200 吨的韩国雪蟹，有一半以上会经过这里。日本作为世界闻名的雪蟹产地，去年产量足有 5,000 吨之多，是韩国产量的两倍，而且产量还在逐年增加。日本和韩国明明在同一片海域

像戴着黄色臂章的王礁石檀木雪蟹

捕捞雪蟹，为什么日本雪蟹的产量能够不断增加呢？

这是因为日本实行严格的"海禁"，每年 2 月底到 11 月初禁止捕捞雪蟹，每年只有三个月左右的时间捕捞，以保护大自然。日本政府对渔获量也有严格的规定，渔民自发性地不抓小鱼小蟹，设置禁渔地区，多方努力才有一年 5,000 多吨雪蟹产量的成果。日本也成为吃雪蟹的大国，雪蟹美食闻名世界。在积极开发菜谱，彻底保护鱼类，保护当地饮食文化上，日本有很多地方值得韩国学习。

从十几年前开始，韩国以东海岸为中心，开始实行禁止渔网打捞，净化养殖渔场等活动，从国家层面保护雪蟹。渔民希望能够重振雄风，丰收雪蟹，因此也积极地参与到这些活动中

雪蟹加菠菜张罗出一桌子的菜，非常和谐

去，同时也在不断开发更多元的雪蟹烹制法。

● 　雪蟹壳妙用

　　盈德的菠菜农场内，最主要的肥料来自雪蟹壳。蟹壳碾碎后掺进肥料里，堆肥效果超乎想象。这种"名贵"的肥料为贫瘠土地提供了壳聚糖等各种无机物，本来一年两熟的菠菜，可以达到一年三熟。

　　当地人用菠菜做菜时自然也少不了雪蟹。菠菜富含维生素，但草酸含量高，可能引起结石。和雪蟹一起吃，不仅可以让钙质成分不在身体里面形成结石，还能大量摄取对身体有益的营养成分，被视为"梦幻搭配"。

雪蟹, 性感的味道

海蟹有海味——这句话听起来似乎理所当然, 不过真正的海味闻起来带点腥味, 又不同于鱼腥味, 似乎混杂了稍带苦味的海藻味。

把海蟹拿去蒸或煮, 热气腾腾中散发出大海的咸味, 夹杂着蛋白质的味道, 再闻不到那种苦味。但放凉了之后, 大海的味道就显出来了。花蟹味最重, 其次是雪蟹、帝王蟹和毛蟹, 奶味强烈的顺序则刚好相反。

雪蟹的蟹肉表面呈粉红色, 但膜不是粉色的, 那粉色皮肉下是雪白饱满的蟹肉。

夹一口蟹肉, 放进嘴里, 首先涌上的是大海的味道, 接着嘴里充盈了一股甜味。纹理细嫩的蟹肉轻轻地、一下下地刺激着舌尖, 再加上大海独有的味道透着一股性感。

机张鳀鱼

——餐桌上的粼粼春海

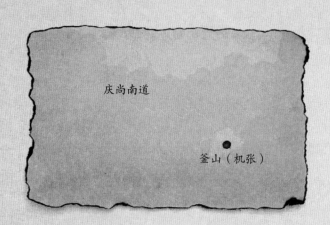

庆尚南道

釜山（机张）

穷困时天天吃鳀鱼，
配饭下酒，煮泡菜汤。
直到今天，
春日鳀鱼仍牢据机张餐桌。
机张女人只要有鳀鱼、海带和老泡菜
轻松就能做出一餐美味。

身体小小，营养满满，
恰到好处地融进每一道菜，
装点餐桌，
个头小，本事大。
未经雕琢的质朴外表下，
翻滚着涌出深深的味道和温情，
慰藉步履维艰的渔村生活。
银光粼粼的春海，
丰富着机张鳀鱼餐桌。

● 鳀鱼，宣告大边港春天的来临

朝鲜半岛的东南角有个形似大瓮的美丽港口，那就是釜山广域市机张郡机张邑的大边港口。伴随着渔民们打捞鳀鱼的号子声，机张的春天来到了。鳀鱼跳着舞，人们配合着它们的舞步节拍，满脸喜色。捕鳀鱼绝非易事，鱼肉和鱼鳞四溅，汗水淋漓而下，渔民满脸都是鳀鱼屑。不停歇的劳作和叹息是机张人注定的命运，一切辛苦只为将一小碟春日鳀鱼端上餐桌。眼前庄严的景象，让人沉迷。

4-6 月是鳀鱼的渔汛，大边港开起了鳀鱼"波市"。当地鳀鱼不仅新鲜，而且个头极大，比普通鳀鱼要大上 1.5 倍。简直让人怀疑它们究竟是不是鳀鱼。为了买到新鲜鳀鱼，除了釜山当地人，韩国各地的人潮都会拥到大边港，使整个港口热闹非凡，因为只有在机张才能吃到这样又大又新鲜的春日鳀鱼。

鳀鱼富含牛磺酸成分，能抗氧化，降低胆固醇含量，平稳血压，有助于消除疲劳，还含有 EPA 和 DHA 等高度不饱和脂肪酸，能促进头脑活动和智力发育。鱼肉中的次黄苷酸更增添了美味，各种有益氨基酸也十分丰富。人们提到鳀鱼，首先联想到的是丰富的钙质、磷、铁等成分，这些是人体骨骼、牙齿的必要成分。总而言之，从营养学角度来看，鳀鱼是非常理想的食材。

鳀鱼到了冬天朝着南边海域游去，春天又顺着日本暖流回到近陆地的海岸生育后代、寻找食物。机张近海正好是南海温暖海流与北边寒冷海流交汇的地方，含有大量营养价值丰富的无机盐类，尤其适合以动物性浮游生物为食的鳀鱼生活。当地捕捞鳀鱼并不难，也证明这片大海很健康。鳀鱼是弱小的鱼类，却在海洋生态中起到举足轻重的作用。大海里聚集着浮游生物，招来了鳀鱼，鳀鱼又招来了其他鱼类，不过它们似乎并不满足，又吸引来了人类。

鳀鱼捕获的好消息不分昼夜地传来，让人感受到大边港的勃勃生机。参观的人、拍照的人、捡渔网里漏出来的鳀鱼的老太太，都成了大边港的风景线。渔民把鳀鱼从渔网里抖出来，当即在船上开卖。经大边港运往韩国各地的鳀鱼一年足有9,000多吨，大边港用流刺网捕捞的鳀鱼占全韩国捕捞量的70%，总收入超过100亿韩元①。大边港的春天，和鳀鱼一起降临，和鳀鱼一起落幕。

捕捞鳀鱼船上的渔民十分忙碌，生怕漏了一簇鳀鱼

---

① 约合5,700多万元人民币。

● 捕捞鳀鱼

每到春天，机张人就不是按人的时间在生活，而是紧跟鳀鱼群的作息。出海的捕鳀鱼船总是像被鳀鱼群追赶着一般。船一到海上，先和其他渔船互相通信。还没有鱼群探测器的时候，海鸥群是渔民出色的合作伙伴。海鸥视力很好，是天生的鳀鱼猎手，看到鳀鱼群稍微靠近海面，海鸥便毫不留情地把头扎进海里，渔民称这一幕为"海鸥洗脸"，可以说，海鸥是渔民非常好的向导。

韩国有句老话说"虎千里渔万里"，意思是老虎一天一夜能奔走千里，但鳀鱼群一天一夜能游出上万里之远。数万尾鳀鱼成群结队，不知会在何时何地出现，因此机张港捕捞鳀鱼的船需要不停地交换信息。

捕捉到鳀鱼的动静，船员们都开始心急了。鳀鱼群移动速度非常快，动作够快才能抓得住。渔网长度视鳀鱼群规模而定，渔民不停放网，等待鳀鱼群入网，估摸着鱼群大概都入了网之后，迅速起网。仔细看便会发现，肥美的鳀鱼是被渔网的网眼卡住，再被渔民捞起来的。所以当地渔民不说"抓鳀鱼"，而说"卡鳀鱼"。

机张用流刺网的方式捕鳀鱼。拿一个毛巾模样的渔网，顺着水流在水平、垂直方向铺开就能抓到。因为鳀鱼群一不小心就容易溜走，所以设置渔网的方向最为重要。

鳀鱼成群结队地卡进网里，拼命挣扎着往上游。大概因为被抓住了很生气，所以不由自主地扑腾起来。其他地区在鱼产卵期都会开始禁渔，但大边港没有休渔期。因为大边港的渔网网眼很大，只抓大的鳀鱼，需要保护的幼鱼可以逃出网外。

- ## 海腥味的贫穷记忆

本以为受够了穷苦，不愿回忆过往，但人的口味毕竟无法轻易改变。最饿的时节吃到的东西最好吃，也许每个人都有这样的回忆。机张人热爱鳀鱼可以理解，但又何必选择卖不出几个钱的鳀鱼来谋生呢？

大边港距离对马岛只有 50 千米，过去倭寇动不动就侵犯、掠夺此地，十分频繁。壬辰倭乱时，这里被倭寇占为己有，甚至盖起倭城。机张人的生活用品都被掠空，凡事只能自给自足。从海上捕鱼归来，叫得出名字的好鱼都得去鱼市卖掉以贴补家用，剩下的鱼由家人用头顶着，到传统集市上换回生活必需品。散发着鱼腥味的穷苦时节，鳀鱼在机张人的经济生活中举足轻重。

- ## 机张的鳀鱼

在海边漫步，闻到香喷喷又带着点海腥味的鳀鱼味道，忍

机张春日鳀鱼力气十足，
拉网并不容易

鳀鱼群奋力逃脱带鱼的捕食

不住会停下脚步。在这个鳀鱼比米饭更常见的村子里，村民处理鳀鱼的最后一步一定是把鳀鱼放进马格利酒里洗一番。没有冰箱的年代，这么做既能为鳀鱼增添口感，还能预防食物变质中毒，这其中闪烁着老祖先的智慧。

春日里刚抓到的生鳀鱼肥得流油，在火炉上一烤，吱吱冒着油，一下就熟了。机张有句话说，"春吃丁香，秋吃斑鲦"，鱼卵满肚子的鳀鱼和秋天的斑鲦美味绝顶，据说连离家出走的媳妇都会因为想念它们的味道而乖乖回到婆家。

出产新鲜鳀鱼的机张还有一道独一无二的鳀鱼料理——鳀

新鲜捕获的生鳀鱼直接在火炉上烤得焦黄

鱼生鱼片。机张的妇女处理鳀鱼的技术一流，抓住鳀鱼的鱼头，刷地往下一捋，肥厚的鳀鱼肉和鱼骨便完全分离开来。鳀鱼生鱼片泛着红光，肉质很有嚼劲，蘸上醋辣酱吃，柔软又纯正。如果在生鱼片中加入醋辣酱，再加上爽脆的蔬菜一起拌匀，则又是另一种风味，成了生拌鳀鱼。

鳀鱼还能做"鳀鱼粥"。以鳀鱼为原料，做法和泥鳅汤类似。取出秋天晒好的干萝卜缨，泡水后用大酱揉至入味，必须用手揉，用足了手劲儿才能呈现出最佳味道。然后将所有材料放到汤里一起熬，再加入鳀鱼和大米，一直煮到大米都融化开。只需放一大瓢大米，做出来的粥就足够全村人一起吃。在粮食非常珍贵的小渔村里，村民便是靠鳀鱼粥度过那"猛于恶虎、高于秋风岭山"的饥饿年代，他们对鳀鱼一直心怀感激。

春天，机张餐桌上少不了的小菜就是鳀鱼白菜萝卜泡菜，在腌好的生鳀鱼里加萝卜做成。腌鳀鱼放的盐比一般海鲜酱少，只要在阴凉处放半个月就能做好。待湿度刚好，鳀鱼的鱼肉和鱼骨完全分离开来，就腌制好了。当地有句话说"夹一条鳀鱼，配一块萝卜泡菜，死老公，遭小偷都不知道"，足可证明这道菜的美味。

不仅如此，当地人还用鳀鱼做成特别的酱料。用新鲜鳀鱼煮成的水称为"鳀酱"。先将鳀鱼煮汤，然后加入大量蘑菇、洋葱等食材，再熬成高汤。过滤掉渣滓，经过多次煎熬，最后放入大酱和酱油，熬到收干。做起来不容易，但辛苦做一次，可以放着用上很久，用途也很广，凉拌山野菜时随便加一点，味道就完全不同。当地人连煮鳀鱼的水也不随便倒掉，可见他们精打细算的智慧。

● 　　鳀鱼酱葱和机张裙带菜，一年四季的万能酱料

　　麻利勤劳的机张妇女每年春天都要到大边港采购鱼酱食材。当地人不想错过好吃的春日鳀鱼，用鳀鱼做成鳀鱼酱，长长久久地享受这份美味。春日鳀鱼肉厚油脂也丰富，做成鳀鱼酱后，使用范围很广，不仅腌泡菜的时候用得上，单单作为酱料也能入菜。当地人做菜提升美味时，不放盐或酱油，而放鳀鱼酱，这也是机张饮食的一大特色。

　　用鳀鱼肉做成"肉酱"可以作为一道小菜直接上桌。切好葱和辣椒，加上肉酱，再拌上辣椒粉就可以了。鳀鱼包饭酱直接放到米饭上就可以吃，也可以用裙带菜夹一筷子饭，再蘸酱包着吃。酱料里有辣酱的辣味，又有辣椒的呛口，其中滋味只有吃过的人才能意会。对于庆尚道土生土长的人来说，这就是家乡的味道，说这个酱吃了会上瘾，恐怕都不足以表达他们的感情。从樱花盛开的春天到腌制泡菜的冬天，机张人的一年四季都离不开鳀鱼。

　　鳀鱼酱发酵分解后，氨基酸含量更丰富，可以为以谷物为主食的韩国人补充容易缺乏的必需氨基酸。鳀鱼酱不仅能平衡营养成分的摄取，而且又能配饭又能配汤，好吃且助消化。人

机张的鳀鱼餐

下饭的鳀鱼腌萝卜

们对鳀鱼了解越深，就越发觉得它了不起。

● 机张裙带菜

对机张人来说，裙带菜和海带是与鳀鱼同样重要的生计物资。南北洋流交汇的机张近海，不仅为鳀鱼准备了大量食物，也特别适合裙带菜生长，地理条件得天独厚。机张裙带菜生长在水流较猛的水域，因而格外有韧性，独具特色。鳀鱼、裙带菜、海带——韩国人餐桌上负责汤味的"三枪手"都生活在机张近海上。机张妇女冬春两季忙着晒干裙带菜和海带，春夏两季又要忙着储存鳀鱼，一年到头都不得闲。

晒紫菜和海带的机张人

机张近海裙带菜营养成分丰富，在水里漂洗时会产生很多泡沫。当地流传着一个笑话，一位机张大娘把裙带菜送给住在山村的妯娌家，对方打电话来问裙带菜里是不是放了洗衣粉，因为有那么多的泡沫。韩国人坐月子和过生日时都要吃裙带菜汤，裙带菜在韩国意义深厚。机张的裙带菜汤里还会放入新鲜的海胆，吃起来有种更深层次的海味，别具一格。

> 晒干发硬前，
> 如水流般柔软轻盈。
> 无风无浪的深海里，
> 成群结队地摆动着尾鳍自由徜徉，
> 劈开无数条水路。
> 当渔网隔断了水路，
> 笔直地破开阳光，
> 柔软的鱼群扑腾着迷失了方向。
> ——金基泽《鳀鱼》

鳀鱼，成群结队的力量

鳀鱼总是成群结队。它们身材渺小，互相团结着，聚成一大团讨生活。因为只有形成一个集体，才能与身材巨大的海洋捕食者抗衡。这一大团就是一个生命体。

这一大团的生命体死亡之后仍继续抱团。没有人会单拿一条鳀鱼来做菜，它们被一起扔进锅碗瓢盆里。鳀鱼生来便不是单打独斗的命。

不过当它进入人嘴时有时倒是孤身，比如大点的鳀鱼做成的鱼酱。这种鱼酱整条放进嘴里并不太合适，因为它的头、背肉、腹肉、内脏、骨头，甚至是鱼鳍，每个部位味道都不一样。要把每个部位单独挑出来吃才对得起它。总被当作一个团体来对待的鳀鱼，终于能被当作个体对待，也许这是鳀鱼养着朦，想要摆脱沉闷集体生活的小小愿望。

泰安花蟹

——初夏的美味

泰安

忠清南道

花蟹凶恶无惧，胆大包天，
　哪怕在老虎面前仍张牙舞爪，作势欲扑。
　　　　但它坚硬的壳下，
　　　却藏着柔软美味的蟹肉。
　　　　花蟹吃起来不易，
　　当着亲家的面更是难以下口。

　　花蟹之味无法轻易放弃，
是上过御膳的尊贵美食，带着御厨的精心，
更是泰安人赖以生存的食物，百吃不腻。

　吃起花蟹，不顾颜面，顾不上讲究。
　　幼时就着蟹酱吃着水泡饭，
　　是妈妈一点一点剥出蟹肉，
　　　良苦用心不输御厨。

花蟹，五六月的美味之王

　　韩国西海岸的泰安半岛素以落日美景闻名，半岛角落里有个新津岛港，这里是韩国花蟹最大的集散地，一天进出港口的花蟹船少则 10 艘，多则 30 艘。每天上午，到港口看花蟹的人络绎不绝，懂行的人纷纷从各地赶来。月亏时，泰安花蟹的肚子盛满了黄澄澄的蛋。五六月的天气让人昏昏欲睡，泰安花蟹却总能勾起食欲，让人想要一探究竟。

　　韩国不少古谚和笑话都和螃蟹有关，"像螃蟹闭眼"（一样快），是指赶快吃掉美味，"像螃蟹吐泡泡"，是形容生气的人。可见螃蟹与韩国人的生活早已密不可分。韩国栖息着 185 种螃蟹，其中泰安春日花蟹独占鳌头。天气暖和时，花蟹从地底下爬出来活动，活动得越多，蟹肉就越结实，肚子里的卵也越多，所以花蟹在春天最美味。泰安的沙子和滩涂量适中，适合花蟹生活，加上海潮水势较猛，花蟹运动量较大，肉也更紧实。

　　五六月，海水温度回升，泰安捕捞花蟹的渔船忙得来不及靠岸，刚把花蟹倒在码头上，马上又要出海，赶着去收在海上架好的渔网。来到一望无际的大海上，拉回撒出去的网，网里

泰安近海花蟹大丰收

花蟹渔船奔忙着迎接春天

兜着手掌大小的花蟹，个个满满一肚子卵。从渔网中倒出满得要涌出来的花蟹，小船瞬间成了花蟹的地盘。这些被口袋状渔网兜住的花蟹是西海岸花蟹中的顶级上品，备受礼遇。五六月份入网的花蟹有 80% 是母的。看花蟹肚子便可轻易区分公母，钟形为母，尖形为公。花蟹渔场一年两季丰收，五六月临近花蟹产卵期时，正是母花蟹的盛产季，这时的泰安近海几乎一半是海水一半是花蟹。

花蟹生活在深海中，产卵前到岸边觅食，以补充营养。泰安近海食物充分，滩涂和沙子比例刚好，最适合花蟹产卵。韩国花蟹在济州近海过冬，五六月到西海岸享受温暖阳光并产卵，待凉风吹起，再南下回到深海里。

新津岛港不断"喷涌"出花蟹，一天的收获量能达到 4 吨，包括新津岛港，整个泰安郡的花蟹一天能达到 20 吨，这些全被运往韩国各地。冬天水温下降，渔民也变得心情低落，只有等到花蟹丰收的季节才能找回干劲。花蟹是渔民的"支柱"，渔民在甄别花蟹时，像照看自家孩子一样小心，因为不管个头多大，只要掉了一只脚，就失去了商品价值，渔民们先看公母，再按个头区分，大只的花蟹拿来蒸，小只的适合拿来做蟹酱。

● 月亮与花蟹

花蟹主要栖息在东南亚沿岸、韩国的西海岸和日本，全世界共分布着 4,500 多种螃蟹。

神奇的是，大多数螃蟹都具有根据月亮潮汐周期活动的习性。澳洲圣诞岛红螃蟹在新月当天集体准时产卵，满月升起时脱壳蜕皮，一只螃蟹长大需要经历15次以上的蜕皮。

满月从海面升起，大潮退去后，泰安人举着沾满栗子麻籽油或松脂油的火把到滩涂抓花蟹。当地人多是空手抓花蟹，这种抓法在方言中称为"黑路抓"。花蟹生活在海底，白天躲进沙子里保护身体，到了晚上鱼类和贝类休息时才出来觅食。于是当地人利用花蟹的这种习性，选择在退潮的晚上"黑路抓"。这是渔业技术发展到当今水平之前，他们一直所采用的方式。

在鱼缸里也生龙活虎的花蟹

● 渔民的花蟹餐

对泰安人来说，花蟹是养育后代的生计资本，也是粮食。当地人吃的花蟹比大米还要多，即便如此，蟹卵满满的母花蟹也得等到五六月才吃得到。当季的母蟹背壳内满满的都是甜丝丝的内脏，滋味无与伦比。

母花蟹的卵和内脏用刀子切片生拌，比蟹肉还好吃。外地人吃拌花蟹都要放辣酱等酱料，而当地人则认为想要吃到花蟹的原汁原味，直接蒸着吃最佳，什么酱料都不该放，称之为"无酱"。处理花蟹时，蟹腹朝上，防止蟹酱流出，再放进蒸筒里蒸。蒸好的花蟹色泽绯红，毫无腥味，反而还有股很浓的甜味。花蟹还适合炸着吃，炸好后不用剥壳，可以连壳一起嚼，别有风味。蟹壳同样鲜味十足，连壳入菜，味道好营养更佳。花蟹汤更是花蟹料理中的翘楚，喝上一口便能感受到泰安大海的味道。

● 泰安蟹水汤

泰安是韩国西海海鲜的集散地。古时盐贵如金，当地日照量丰富，自古以来便以盐产地而闻名。泰安盐品质好，含多种矿物质，自朝鲜时代起，就一直由王室直接管理。泰安盐田至今保留原样，得益于此，当地使用花蟹和腌的蟹酱等以发酵形式储存食物的文化十分发达。花蟹盛产于春季，容易变质，于是当地人开发智慧做成发酵食物，以留住美味。

到了可以抓蟹的季节，花蟹肚子里满是富有弹性的蟹卵，泰安妇女便着手储藏起花蟹来，方法很简单，把花蟹放进盐瓮里，再用盐盖住。她们还会掰开花蟹，在背壳里也盛满盐。没有冰箱的年代，充满生活智慧的老祖先靠这个方法延长了吃花蟹的时间。花蟹在盐瓮里放上几个月，蟹肉发硬，变得筋道，发酵味也更浓厚。盐腌蟹肉是盛夏时节农村餐桌上最靠得住的小菜。

　　用花蟹做菜不容易，尤为费时。蟹水汤是当地自古流传的美味，做蟹水汤之前要先做盐水蟹酱。盐水蟹酱的盐水咸度控制最为重要，盐度太高，味咸，盐度太低，花蟹容易腐坏。生姜也不能少，它不仅去腥，还能防止细菌繁殖。花蟹拾掇干净后，一只叠一只放进瓮里，加入酱料，再倒入盐水。静待三日，腥味消散，蟹肉入味，吃起来刚好。腌好的盐水蟹酱能同时吃到蟹卵和蟹肉，大海味道浓郁。

　　在做盐水蟹酱剩下的汤汁中，放进随意切成的白菜叶，就煮成了蟹水汤，这道菜最能体现忠清道妇女的聪明，既保留了白菜生脆的口感，又融入发酵过的酱汁，形成奇妙而和谐的味道。用大块老南瓜取代白菜叶，也是一绝。蟹水汤的食材虽然

咸咸的酱油蟹酱

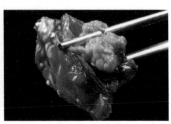
好吃的生拌花蟹，无酱

不起眼，但对当地人来说，是记忆中最纯正的乡味，任何食物都无法超越。简简单单的盐水蟹酱和蟹水汤无声诉说了贫穷年代的巧心。

● 宫廷蟹餐

韩国传统画中螃蟹出现的次数格外多，各朝各代顶尖的文人都有描画螃蟹习性的画作流传于世。文人青睐螃蟹，因为它坚硬的外壳象征气节，不管在哪种大型动物面前都敢举起钳子。不过吃螃蟹就另当别论了，由于吃相不雅，甚至有句俗语说"不敢和亲家一起吃螃蟹"。王宫贵族无法舍弃螃蟹的美味，又怕伤体面，所以把蟹肉剥出来吃。御厨将花蟹精心做成一道道佳肴，如花蟹泡菜卷（将蟹肉与白萝卜、白菜等混合，以辣椒酱等调味料调味后，放入蟹壳内，再用紫苏叶等包裹蟹壳）、花蟹肉饼汤（将蟹肉与剁碎的牛肉、绿豆芽、豆腐、蒜头等拌匀，加入香油、辣椒、胡椒、芝麻等调味，敲生鸡蛋调和，放入蟹壳内，再撒上面粉，抹蛋液，双面煎熟后煮汤）

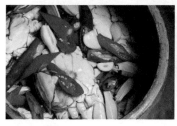

咸鲜的盐腌蟹

盐腌蟹，花蟹肉质很有嚼劲

等。为了让吃的人轻松，做的人则要加倍辛苦。

精心制成的花蟹佳肴被称为"盗饭贼"①，这个称号所有人都心服口服。可惜花蟹佳肴却因为制作过程烦琐逐渐销声匿迹。

● 　　神秘的蟹壳

蟹壳中最多的成分是有助排便的膳食纤维。花蟹脂肪含量少，蛋白质含量高，易消化。通常人们认为花蟹胆固醇较高，但如果食用方法得当反而能减少坏胆固醇，防止动脉硬化，并可以与有害身体的成分相结合，排出体外。

韩国人做泡菜一般会放海鲜提味，泰安人做泡菜用的自然是花蟹。他们不仅用花蟹来腌泡菜，还会用吃剩的蟹壳来盛泡菜。这样一来，可以溶解出蟹壳中的甲壳素，参与到泡菜的熟成过程中，减缓乳酸活动，防止泡菜太快变酸，让泡菜慢慢发酵入味。

宫廷料理，花蟹泡菜卷

山珍海味花蟹肉饼汤

---

① 韩语中形容特别下饭的配菜。

黄桥益的味觉专栏

花蟹，月亮的味道

花蟹的英文名是Swimming Crab，得名于它根据水温游来游去的习性。大概因为这个原因，与常年生活在同一个地方的螃蟹相比，花蟹的肉更有弹性，蒸熟后肉丝分明，形似鸡肉。

新鲜的花蟹咬起来似乎很有嚼劲，但又会在嘴里温柔地化开。它比其他螃蟹鲜甜，杂味少。因为它一般生活在清净的海域里，不容易沾染上其他味道。

花蟹的移动除了与水温有关，和月亮也有很大的关系。大潮时，月亮的引力对地球影响最大，此时花蟹最容易被捕获。农历一日或二十九日前后以及十五日分别有两次大潮，此时的花蟹肉最饱满。

花蟹肉又甜又有光泽，还有弹性，大概是吸收了月亮的精气。它还适合放凉了再吃，甜味更有层次，这也是因为吸收了阴气的缘故。

鱿鱼

——弹牙美味的飨宴

注文津

江原道

●

鱿鱼朝着船灯飞扑而来，
像信号弹般横冲直撞，
宣告夏天的来临。
它顺着暖流远道而来，
为江原道近海增添了活力，
却因便宜美味，
沦为人们闲暇的零食。

鱿鱼以百变面目融入韩国，
打扮得美美地上过御膳，
也填饱过贫穷渔民的肚子，
甚至因过于平凡而被忽视。
你可以说它少了固执的风味，
但它的清淡味道和筋道口感，
与任何食材完美融合，
装点了韩国人的餐桌。

●

● 　注文津，鱿鱼的故乡

　　注文津坐落于江陵最北端，海产丰富，景色优美，充满了勃勃生机。注文津的章鱼也很有名，不过更适合用来饱眼福，鱿鱼才是注文津夏天的主角。当地人的生活全在港口解决，从港口跨出一步，眼前便是另一个世界，他们忙得连按时吃三餐都难，不过越忙越开心。这里是寒暖流交汇处，特别适合设渔场，里面各种鱼应有尽有，每个渔场都大获丰收。渔民很实诚，鱿鱼价格又很便宜，几乎一放进水槽就能卖光，为此市场里专门划出一个角落来切鱿鱼，火爆程度可见一斑。

　　拍卖场才刚敲响轻快的钟声，不过短短的工夫，似乎刚来得及交流招标价格，拍卖就结束了。这是一场看不见硝烟的激烈交战，要拍卖大量的鱿鱼必须抢时间。因为鱿鱼对水温很敏感，水温稍有变化，它就会失去活力，要趁它们活着完成流通就非常紧迫。当鱿鱼离开港口，运往韩国各地，注文津的港口才稍微安静下来。

　　从6月起，一直到11月，注文津的海上都能捕到鱿鱼。鱿鱼一般生于冬天，这个时候刚长了一年，个头虽不太大，但味道最好。当大量新鲜鱿鱼拥入注文津，渔民便开始了日夜颠倒的生活。近海水温低，鱿鱼难群聚，渔民只能等到太阳快要落山时，开船四个小时，前往抓鱿鱼的地方。捕捞点离陆地越远，燃料成本就会越高，渔获量少，就会亏损。因此，找鱼群就是在和时间赛跑。时常有渔船在茫茫大海上漂浮三四天还找不到鱼群。因为鱿鱼对水温变化十分敏感，昨天抓到的地方今天未必能遇上，今年抓到的地方明年又不一样了。

　　漂浮在海面上，一发现鱼群，船员就忙起来了。打开高亮度的诱鱼灯，把海面照得如同白昼一般，鱿鱼群便会拥到灯光耀眼的船边，这时，放下自动钓获机的绳索，一直深入到海底70米深的地方，再往回收，多次反复就能抓到了。鱿鱼主要在晚上觅食，白天停在200米深的深海中，晚上浮到浅海捕食小鱼。鱿鱼比较有攻击性，又具有趋光性，渔民就利用这个特性，不需要鱼饵，只要将密密麻麻的荧光塑料棍垂吊在水里，加上灯光反射，鱿鱼会将塑料棍错认为食物，舞动着身子两侧的大长腿卷上棍子，就被抓住了。鱿鱼关系着注文津渔民的生计，他们根本无暇休息。连着工作近十个小时，会一直忙到拂晓。鱿鱼朝着灯光拥上海面，这也是海鸥饱餐一顿的大好机会。从远处看，白色的鱿鱼船摇摇晃晃，海鸥忽高忽低，为夜海绣上白色的花纹，宛如一幅优美画卷，但美景下却是激烈的生死竞技。

● 　　充满渔民智慧的鱿鱼餐

　　鱿鱼的蛋白质含量达 20% 之多，它还含有能缓解疲劳、改善肝功能的牛磺酸，其含量是牛肉的十六倍，牛奶的四十七倍，最适合用来为渔民补充体力。辣味水拌生鱿鱼片是渔船上的渔

注文津港堆满了新鲜的鱿鱼

注文津港正在进行鱿鱼拍卖

民果腹时所用的小菜。切得细细的鱿鱼和蔬菜，充分浸上调味辣椒酱，在水里泡开，就做好了，是道做法简单的"快手菜"，拌面条或配米饭都很好吃。刚捞起来的新鲜鱿鱼，肉又薄又软，特别适合生吃，连着内脏一起烤则又是另一种风味，烤全鱿鱼可以品尝到柔软的鱿鱼肉和稍咸的内脏，两种味道交融，体现了注文津渔民的智慧。

● 一人多角，鱿鱼的多元变身

梅雨稍缓，沉寂的注文津水产市场重新找回活力，渔民忙着把梅雨季暂时收起来的鱿鱼拿出来晒太阳，做鱿鱼干。除去墨汁和内脏的鱿鱼干是注文津重要的收入来源之一。现在做鱿鱼干一般都用转筒机器烘，但在手工作业时期，每一条鱿鱼都要翻开"小耳朵"，每个小时将它们立起来一次，鱿鱼腿也要拉开，避免缠在一起，非常费工夫。以前村民总是聚在一起晒鱿鱼。

只要有一箱鱿鱼，不需太多工夫就能做出生鱼片、鱿鱼鱼酱、浓汤、小炒等菜肴，不用担心没有食材。鱿鱼百搭，根据不同口味有多种多样的吃法，价格又便宜。不过当地人曾经连鱿鱼都吃不上，鱿鱼肉要晒干卖钱，家里的餐桌上只有鱿鱼内脏。当地人吃的鱿鱼内脏汤是艰难岁月的一道代表菜，用干萝卜缨和鱿鱼内脏熬成味道浓郁的汤，以现代眼光来看算是一道健康食品，但在吃不饱的年代，那是母亲省了又省，才做出的家常菜。

【鱿鱼米肠】

从遥远的咸兴来了一群北边人①，他们在寻找新定居地时来到了这里。他们利用当地的鱿鱼，做出了鱿鱼米肠，既填饱了肚子，又赚钱营生。如今，这道菜已经成为韩国有名的风味小吃。鱿鱼不愧是外食文化的"先锋"，鱿鱼米肠是最适合品尝鱿鱼墨汁的食物之一。当地人不丢弃任何食材，将鱿鱼腿和内脏塞进鱿鱼身做成米肠的样子，吃一口，等于吃下整条鱿鱼。其风味与放入很多辅料的束草式米肠大不一样。

【鱿鱼煎饼】

韩国有句老话，"农历五六月的细葱连小妾都舍不得给"，夏天的细葱味道好，营养又丰富。鱿鱼渔汛正好赶上细葱的丰收季，两者加在一起做成葱饼，尤其美味。以至于韩国人提起葱饼，都会想起鱿鱼。

鱿鱼船上的诱鱼灯辉煌灿烂

———————————

① 指朝鲜人。

【辣味水拌生鱿鱼片】

注文津拌生鱼片时，会同时放入切好的鱿鱼和秋刀鱼。耐嚼的鱿鱼和松软的秋刀鱼融合出独特的口感，形成独特风味。

韩国渔村的"丰鱼祭"逐渐销声匿迹，不过注文津一年还会办两次，祈愿鱿鱼丰收。"丰鱼祭"上能感受到村民满腔的虔诚，他们祈祷村子安宁，渔获丰收。注文津港的鱿鱼船灯火通明，直到 11 月都不会熄。渔民怀着迫切的心情，谱写着东海岸鱿鱼的故事。但如何让这个故事更源远流长，则取决于吃鱿鱼的我们以什么样的态度来面对每日的餐桌，这便是我们的责任。

● 老祖先的干鱿鱼餐

关于鱿鱼最早的记录出现在《新增东国舆地胜览》中，《兹山鱼谱》和《东医宝鉴》等书也记录了鱿鱼在韩语中的语源和食效，却唯独没有提到用鱿鱼做成的菜。因为鱿鱼有趋光性，必须有光，才会浮到水面，一般认为朝鲜时代不具备召拢鱿鱼

晒鱿鱼干

注文津的鱿鱼米肠

的技术，因此渔获量不足，很少入菜。那么在鱿鱼无法作为活鱼运输的年代里，当时的人是怎么吃鱿鱼的呢？

对于不是生活在海边的人来说，吃活鱼是奢望，因此鱿鱼干被端上了御膳或贵族家的餐桌，或是作餐盘上的装饰，或是做成花的模样，既美味又美观，是一种珍贵食材。直到现在，江陵地区嫁女儿时，娘家人还会准备华丽的鱿鱼干剪花，这是朝鲜时代饮食文化的遗留。

那个年代鱿鱼很稀有，做鱿鱼干剩的下脚料也不会扔掉，老祖先发挥了充分利用的才能，祭祀时剩的鱿鱼干没法现吃，于是撕成细丝，拌进麦芽里，再加上萝卜丝、小米、辣椒粉等调味，做成"鱿鱼干鱼酱"。熟成三天，就可以品尝到鱿鱼柔软又有嚼劲的美味。

鱿鱼装点出的一桌美味

牙口不好或消化不良的人想吃鱿鱼干，就可以把鱿鱼干切碎煎饼。鱿鱼干很会吸水，不适合肠胃功能较弱的人，吃到肚子里一吸水，会变成一大团，可能会造成肠子堵塞。而且鱿鱼本身属于强酸性食物，胃不好的人不能吃。而鱿鱼干煎饼则恰好弥补了这些短处。鱿鱼干还能煮汤，煮汤时放入助消化的白萝卜。将白萝卜切成滚刀块熬汤，鱿鱼干切细丝，裹上蛋液，接着一条接一条地放进汤里，避免鱿鱼丝黏连。既美观又美味，还有益健康。

黄桥益的味觉专栏

鱿鱼，明亮透明的捕食者

鱿鱼对韩国人来说并不陌生。

小时候人人都吃鱿鱼干和鱿鱼味的膨化食品。鱿鱼让韩国人思念家乡，很多东西都做成鱿鱼的模样，亲切可爱。不过在大海里，它可是食物链顶端的捕食者。嘴里美味的鱿鱼肉其实是肉食者的肉，它的体内充满了蛋白质。

鱿鱼活着的时候明亮而又透明，看起来倒有点像植物。死了之后，蛋白质凝固，鱿鱼逐渐变得不透明起来，煮好后，散发出浓浓的蛋白质香味，能与如此浓郁蛋白质香相抗衡的只有糖醋辣酱。这股浓郁蛋白质香有时会让人觉得不喜欢，这也许源于人体对过度肉食的排斥。大概鱿鱼也不愿意承认自己是捕食者，所以才让自己的肉维持透明。

泥鳅鱼汤

——泥鳅和萝卜缨的完美组合

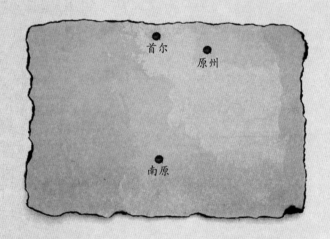

●

泥鳅鱼随处可见，
平凡得不能再平凡。
连俗语里都不受待见。
却在韩国人的餐桌上，
碾化全身，融入世俗，
抚慰了人的疲惫身心。

据说一年中最热的时候，
是水稻生长的季节，
也是人们最难挨的时节。
难得吃一次肉的平民，
能饱饱地吃一碗泥鳅鱼汤，
在比盛夏酷暑更炽热的汤中，
获得力量，
这是大自然赐予韩国人餐桌的珍贵礼物。

●

● 　　泥鳅与泥鳅鱼

　　农历六七月间嵌着初伏、中伏、末伏三个"俗节"。热气逼人，酷热难耐的季节里，古代人总是备好食物，带到凉爽的河边野餐避暑，不过这是贵族的特权，平民可没有这样的闲工夫。大概因为这样，韩国人用"没有俗节"这个词来形容无可奈何。

　　韩国全罗北道的南原位于智异山和蟾津江之间，农耕社会时一直是韩国的中心地带，资源丰富，人心宽厚。泥鳅鱼村便位于此，山坡上密密环绕着一层层的梯田，梯田的水洼地里可以放渔网，网起来的正是土产的泥鳅鱼。

　　通常认为韩语中"泥鳅鱼"是标准语，"泥鳅"是方言，其实正确名称是"泥鳅属的泥鳅鱼"。泥鳅生活在江水中上游或山间溪谷的平野地带，背呈黑色，越靠近肚子颜色越浅，胡须短，体圆，又称"圆鱼"，而泥鳅鱼生活在江水中下游的平野地带，胡须较长，通体一个颜色，较扁，又称"扁鱼"。

　　夏日，漫长的白天过去，太阳下山后，夜晚来临了。水田

泥鳅（上）和泥鳅鱼（下）

里的泥鳅鱼趁着没有天敌的时候，活跃起来。雄鱼缠在比自己个头大的雌鱼腰上进行交配，它靠刺激雌鱼腹部诱导雌鱼产卵。泥鳅鱼繁殖能力强，生命力也强。水中氧分不够时，它们会浮上水面直接呼吸空气，在泥潭或缺水的地方也能生活。天气阴沉时，常能看见溪里的泥鳅鱼跃出水面，这是它们在进行"肠呼吸"。泥鳅鱼用肠子呼吸，并从肛门排出二氧化碳和多余的空气。韩国人说这是泥鳅鱼在放屁，有句俗语说"泥鳅下面臭"，用来形容做贼心虚。

韩语中有许多和泥鳅鱼相关的谚语，"一条泥鳅鱼，脏了一条溪"（相当于"一颗老鼠屎坏了一锅粥"）、"泥鳅鱼成龙"（相当于"麻雀变凤凰"）、"吃了泥鳅鱼汤，打了个龙嗝"（相当于"喝江水说海话"）。从这些谚语中可以得知，泥鳅鱼在韩国很普遍，吃泥鳅鱼的历史也很长，但可能因为它是一种非常低贱

父子抓泥鳅

的食物，关于它的记录反倒不多，令人遗憾。

● 泥鳅的营养成分

自古以来，我们就知道泥鳅的鱼肉、骨头，乃至内脏都能吃，且对健康有益。中国的医学书籍《本草纲目》中提到，泥鳅具有暖身、恢复元气、补充阳气等功效，韩国的《东医宝鉴》中提到，泥鳅性温，可保护脾胃，能止泻。传统医学认为，泥鳅具有滋养腔肠的功效，能帮助排出水分，有排毒作用，并且能美肤，增强免疫力，还能改善肝功能，减少宿醉，有效缓解胃口不佳或消化不良等症状。

从营养学角度具体来看，泥鳅含有人体必需氨基酸等维生素 A、维生素 B2 等成分，除了维生素 C 以外各种营养成分齐备。泥鳅的钙含量和维生素 E 含量尤其高，近年来被视为"长寿"食品，备受瞩目。

● 南原式鳅鱼汤

说到韩国的泥鳅鱼料理，最先想到的恐怕是"鳅鱼汤"。泥鳅和干萝卜缨十分搭配。韩国的其他地方，到了夏天干萝卜缨比较少见，但在智异山海拔 700 米的高山村里，直到夏天还种植有专门收获萝卜缨的萝卜。夏天收成的萝卜在太阳底下晒干，比粗硬的萝卜缨更软，口感更好。

在泥鳅身上撒一小把盐，让它发晕。它会左右摆动，吐出滑溜溜的黏液和异物，这样可以达到去腥味的目的。接着用南瓜叶来处理一身泡沫的泥鳅。粗糙的南瓜叶不仅能去除异物，还能去除剩余的腥味。将处理干净的泥鳅放进铁锅里，舀上满满一大勺自酿大酱，再洒一点酒，就可以完全去除泥鳅的土味和腥味。煮上好一段时间，泥鳅的肉和骨头完全分离开，变得烂乎乎的，接着剔出泥鳅骨头，把肉在筛子上过滤，做成易入口的泥鳅汤头。这样，泥鳅鱼汤差不多就做好了。

南原鳅鱼汤里还有苏籽，这可是韩国南部地区饮食中少不了的"常客"。苏籽得一颗一颗碾碎放进食物里，香气才不会挥发掉，还能保持原味。苏籽碾碎后加一点水，放入萝卜缨，可以为鳅鱼汤增添口感，最好是新鲜的和晒干的萝卜缨都混在一起，再加入红辣椒碾碎的辣椒水，充分拌匀，单这些酱汁做成一盘小菜也十分够格。

正宗的南原鳅鱼汤一定要"三位一体"——第一位是土种泥鳅做成的黏稠汤头，第二位是口感绵软的萝卜缨，第三位是香喷喷的苏籽酱。锦上添花的是加上花椒粉，全罗道方言中称"真皮粉"。花椒粉能杀菌，去除鱼肉中的毒素。煮好的鳅鱼汤里连泥鳅的痕迹都看不到，但泥鳅被千压万碾的辛苦全部融进了浓浓的汤头里。

● 　泥鳅鱼杂烩汤

雨天吃泥鳅鱼杂烩汤，特别暖心，仿佛能感受到村民的温情。这道菜最特别的是从抓泥鳅鱼，到最后上桌，全程由男人负责。也许是因为出自男人的手，它特别刺激而辣口。抓泥鳅、动手处理、生火、出锅，接着放入面片、面条一起煮，再放其他食材。泥鳅鱼加入蔬菜或谷物一起煮，看似随意，却营养丰富。食材随意，有什么放什么，都叫泥鳅鱼杂烩汤。菜做好后不是自家人吃，而是整个村子一起吃，这是全村人的夏季滋补食品。村民同享杂烩汤，其乐融融。

● 首尔式鳅汤的由来

首尔的泥鳅鱼汤和其他地方不一样，单称"鳅汤"，特点是放入整条泥鳅鱼。令人意外的是，率先煮出鳅汤的人竟然是

旺火烧着大铁锅，泥鳅融化在汤里

清溪川的"丐帮"。他们是怎么做鳅汤的呢?

　　清溪川,川如其名,水清可见底,流过首尔市中心。首尔古称"汉阳",当时清溪川聚集着许多无家可归的穷人,甚至有"丐帮"在清溪川挖土洞,穴居生活。他们虽然行乞,但自尊心很强,有自己的原则,只要饭,不要菜。他们在清溪川抓泥鳅鱼煮汤配饭,这便是鳅汤的开端。鳅汤味美,甚至吸引了普通百姓前来购买,非常受欢迎。"丐帮"鳅汤名气越来越大,以清溪川为中心,开了一家又一家鳅汤店。20世纪30年代出现由商人运营的鳅汤店,分店开遍整个首尔市。报纸上还有过一则报道,鳅汤店的外卖送餐员参加自行车比赛获得冠军,可见当时鳅汤人气之高。有几家店甚至一直开到现在,延续着首尔式鳅汤的命脉。

　　首尔式鳅汤要放牛肉。牛胸骨彻底煮熟,熬出白色的浓厚汤头,牛肉撕成细长条。肉汤里还得加辣椒酱和辣椒粉调味,再放入各种蔬菜煮沸。鳅汤最大的特色是不把泥鳅鱼碾碎,而是整条放进去煮。一般只放中等大小的泥鳅鱼,这样吃起来比较方便,接着放入西葫芦瓜和豆腐。最后打一个鸡蛋,加点豆腐皮就可以上桌了。首尔式鳅汤食材丰富,多种口味相互融合,独具特色。

男人在做泥鳅鱼面片汤　　　　辣味泥鳅鱼面片汤

● 原州式鳅鱼汤

　　江原道的鳅鱼汤代表是原州泥鳅鱼汤。江原道选用陈年辣椒酱来凸显泥鳅鱼汤的味道，陈年辣椒酱不仅能吊味，还能遮盖泥鳅鱼汤的腥味。当地人在躁动的泥鳅鱼里加入蘑菇和面粉，用以消除土味和腥味。原州鳅鱼汤将活生生的泥鳅鱼放入滚水中，直接在生铁锅里煮熟，独具特色。江原道菜自然少不了当地最引以为豪的土特产马铃薯。马铃薯切成大块放进锅里，再放入一大勺陈年辣椒酱就做好了。陈年辣椒酱不辣，但味道很有深度。原州鳅鱼汤和首尔式的一样，主打厚重的辣味，但加入苏籽粉这点又和南原式类似。

　　总之，不管在韩国哪个地区，只要有泥鳅鱼，就能见到泥鳅鱼汤。泥鳅鱼并不是高贵的食物，所以往往就地取材进行搭配，导致了各地鳅鱼文化的差异。总体来说，韩国鳅鱼汤可以分为两大类，南部鳅鱼汤——碾碎泥鳅鱼，放入大酱调味；中部鳅鱼汤——放入整条泥鳅鱼，用辣椒酱调味。

结合了首尔式鳅鱼汤和南原式鳅鱼汤特点的原州式鳅鱼汤

黄桥益的味觉专栏

泥鳅鱼, 味美力更强

　　泥鳅鱼长得快, 泥鳅长得慢, 韩国人吃泥鳅鱼汤大多用的是泥鳅鱼。其实泥鳅更好吃, 店里一般卖炸泥鳅, 搭配泥鳅鱼汤一起吃。泥鳅鱼汤里面加入过多的香辛料, 难辨主食材究竟是泥鳅还是泥鳅鱼, 有店家甚至被发现用青花鱼鱼目混珠, 也是同样的道理。

　　天气暖和时泥鳅在水里游动, 寒冷的冬天便钻进地里。它力大无比, 能掘地三尺。泥鳅鱼被抓住后, 光用手按怎么按都按不死, 扔进水箱, 就算不给食物, 也能活上好一段时间。

　　泥鳅鱼汤里的"鳅鱼"到底是什么味道似乎不太重要, 重要的是它坚韧的生命力。其实用泥鳅鱼汤的调味料和烹饪法, 不管放什么鱼都好吃。

夏日鲍鱼

——百姓的忠实伴侣

全罗南道

木浦

新安

◉

三伏天的食物意味着分享与快乐。
韩国人向来爱吃生鱼片，
清淡无毒的鳀鱼尤受老祖先的追捧，
老少皆宜，有益健康。
庞大的躯体，一身是宝，
吃的人爱它，抵御伏天酷暑，
抓的人爱它，喂饱一家，带来富有。
它是百姓最忠实的食物。

上至御膳，下至平民餐桌，
战胜炎热，传承智慧。
众人分享的鳀鱼餐中，
藏着渔民的悲欢岁月，
记录着鳀鱼缔造的繁荣文化。
传承、分享、学习，
伏天鳀鱼正谱写着另一段传说。

◉

●　　　守护木浦夏天的鮸鱼

　　每到夏天，木浦就开始恭候"贵客"鮸鱼的光临。鮸鱼平均寿命达十三年，体形增长超过二十倍以上，俨然一副"贵族鱼"的架势。它浑身金光闪闪，像披了层铠甲般威风，徜徉在水深100米左右的稀泥滩，嘴大牙尖，捕食虾和甲壳类动物为食。它属于洄游性鱼类，七八月间到西海岸水深较浅的地方产卵，此时的鱼肉最有弹性，味道最鲜美。

　　木浦的新安由多个小岛组成，海藻多，水流缓，适合鮸鱼产卵。天气转冷鮸鱼会南下到东中国海过冬，到了产卵的时节洄游，从时间和地点上来看，新安近海特别符合它的生活习性。

　　夏天随着气温升高，大海愈加充满活力，送来了无与伦比的美味，这是鮸鱼的季节。梅雨季过后，木浦夏天的色彩愈加浓烈。天气越热，木浦人越乐于寻找他们最爱的食物，不管是午餐还是晚餐，他们都钟爱肥厚的鮸鱼生鱼片。鮸鱼味美，吃过一次就忘不了。当地有个笑话，说有个人光顾着吃鮸鱼，倾家荡产了都不知道。在木浦，秋天吃章鱼、魟鱼，夏天则是鮸鱼的天下。鮸鱼富含谷物中缺乏的氨基酸赖氨酸（Lysine）和

木浦的夏天渔民在等候鮸鱼

苏氨酸（Threonine）成分。自古以来，当地人每到夏天必吃鮸鱼，作为夏日滋补。

农历六月，新安近海开始捕抓鮸鱼。木浦的捕鮸船开上三四个小时，来到聚集了1,004个岛的新安近海。这是当地渔民再熟悉不过的海域。四十多年来，鮸鱼的捕捞发生了不少变化，最近渔民开始使用高精尖的鱼群探测器，来探测鮸鱼的藏身处。但鮸鱼十分刁滑，有时连最尖端的鱼群探测器也找不到它们。不过渔民自有办法，他们拿一种叫做"秀乙台"的大竹筒插进海水里听声音，屏息细听，能听到鮸鱼"咕咕"的叫声。渔民会根据声音找准位置撒网。抓鮸鱼的刺网和普通刺网稍有不同，普通刺网一般呈一字形垂悬，用于堵住鱼群游过的要道，而捕鮸鱼的刺网是圆筒形，放下去不用等多久，十到二十分钟就可以往回拉。鮸鱼对环境很敏感，一抓上岸马上就不动了，死得很快。所以渔民一抓到鮸鱼就放血以维持新鲜度，并且单条独立包装，尽量减少鱼与氧气的接触。

到了饭点，渔船晚餐的第一道菜就是鮸鱼生鱼片，挑一条个头小的鮸鱼，切成生鱼片直接入口。渔民连着鱼皮、鱼骨一起切，吃全鱼生鱼片，完整享受鮸鱼的味道。要想品尝鮸鱼更深层次的美味，得放进大酱汤里一起煮，让每一点骨髓散发出原味。选择比较粗大的鮸鱼骨头，沿骨节切开，放进锅里，就地取蔬菜，切成大块加进去，做成口味清爽的鮸鱼大酱汤。炎炎夏日，渔民们在摇摇晃晃的船上等待贵客鮸鱼的到来，心系一家人的生计，忍受着难耐的炎热，满载着希望。鮸鱼倾其所有，供渔民饱腹，为渔民疗疾。

● 浑身是宝的鮸鱼

　　新安知岛上有韩国最大的鮸鱼拍卖场，这里与新安用大桥相连接，是个不是岛的"岛"。每年的 7 月 1 日起，鮸鱼晨卖会天天开放。7 月份鮸鱼最高能卖出每公斤 40,000 韩元左右，一条鮸鱼的身价足有 140 万韩元[①]之多。买鮸鱼的人与日俱增，鱼价也随之上涨。

　　鮸鱼个头越大，味道越好，不论雌雄都好吃，雌鱼有鱼卵，但肉量相对较少，肉质稍松软，略逊于雄鱼。鮸鱼的特色在于各个部位都能吃，剖开肚子时要尤其小心，避免弄破内脏。生吃鮸鱼最精华的部位是鱼鳔。鮸鱼利用鱼鳔内部空气和鱼鳔厚实的肌肉相互摩擦发出声音。鱼鳔富含胶原蛋白和软骨素（chondroitin），能够清除血液垃圾，让皮肤焕发光彩。

　　石斑鱼和比目鱼生鱼片得吃活鱼，而鮸鱼的生鱼片得等到它死后僵直了才最好吃，这需要等上很长的时间。鱼肉美味的主要成分是氨基酸，时间越久氨基酸数量越多，经过十五个小时的熟成，鮸鱼的味道更加浓烈。高蛋白的鮸鱼肉做成生鱼片时，通常要剥下鱼皮，放到低温状态下熟成，熟成后的鱼肉像打糕一样产生弹

将鮸鱼肉切成厚片

鮸鱼皮也是难得的美味

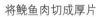

① 相当于7,700元人民币。

性。生鱼片一般要切得厚一些，独具特色。

鱼皮切成方便入口的大小，剔下粗骨上的鱼肉剁碎，拌入切碎的蔬菜，再加上绞碎的鮸鱼骨，就是一道菜。旺火烤鱼内脏和鱼卵，加上蔬菜、辣椒粉和辣椒酱，可谓一绝。鮸鱼的鱼骨、内脏、鱼鳔，还有鱼皮和鱼肉，除了鱼鳍以外所有部位都能入菜，价高也值得。

● 权贵人家的鮸鱼餐

全罗道地区有多处流放地，流放到此的王公贵族被新安的鮸鱼所吸引，大部分新安鮸鱼都被送进了两班贵族的家里。对于嫁到宗家长男家的宗门长媳来说，夏天是鮸鱼的季节。宗家一年 8 次的祭祀和伏天，都要吃鮸鱼。

宗家的鮸鱼料理最独特的就是不剖开鱼肚直接掏出内脏。内脏洗净后撒上香辛汁。等待香辛汁去除腥味的间隙，把牛肉和生鲍鱼、豆腐、蔬菜等剁碎做成馅。调好的馅放入香辛汁调味的鮸鱼内脏中，全部绑起来，蒸上二十分钟左右，用鮸鱼做的米肠就做好了。一条鮸鱼只能做成一条米肠，所以这道"鱼桥米肠"只有在两班贵族家里或宫廷里才能吃得到。鮸鱼肉铺

个头大的鮸鱼又叫"两班鱼"

开，做成鱼脯，里面放入调好的牛肉、鲍鱼馅，用鮸鱼肉包起来，鮸鱼肉饺子就做好了。鮸鱼肉富有弹性，不容易破裂，蒸上五分钟左右即可。供桌上的烤肉串是将鮸鱼肉和牛肉丸穿插排列串成一串后蒸熟做成的，可以让人同时品尝到牛肉和鮸鱼的味道，是两班贵族流传下来的又一道宫廷料理。牛肉翻炒后熬汤，再混入青蛤汤，汤里放鮸鱼肉，接着用辣椒酱和大酱以1:1的比例混合调成调料，撒在鮸鱼汤上，鮸鱼辣汤就出炉了。这种辣汤比一般酱汤水分多，又不像清汤那么寡味，放入大量鮸鱼肉的鮸鱼肉串和其他食材都十分搭配。

● 　　荏子岛和塔里鮸鱼

　　有关夏日鮸鱼的古文献中，唯独出现了"荏子岛"这个地名。荏子岛位于新安近海上，也是开放的鮸鱼市集之一。荏子岛居民称鮸鱼为"塔里鮸鱼"，"塔里"是"苔耳里"的方言，苔耳岛是荏子岛的附岛，荏子岛上称"塔里"。据说日本人可能不知道荏子岛，但一定知道"苔耳鱼市"，荏子岛最早就是将鮸鱼从捕获处运来，再销给日本人的地方。

　　从木浦乘船行驶约十五分钟，便可以来到荏子岛，放眼望去，海边空空荡荡，只有盐田和待开放的海滨浴场，不见日本人钟爱的塔里鮸鱼市场。朝鲜战争之前，每到夏天，这段仅12千米的海滩总是聚满了渔民、游客和妓生（陪客的女子）。如今，鮸鱼的兴旺已成为回忆，空位被其他商品填补。荏子岛的前庄浦以前每年只要卖一季的鮸鱼，就足够富足，据说当地连乞丐都没有。不过现在连鮸鱼的踪影都寻不着了。鮸鱼空出来的位置，被曾经是鮸鱼食物的黄石鱼和虾肉酱取代，这些维系着渔民的生活。

岛上的塔里鱼市消失了，茌子岛通过围海造田扩大了岛的面积。岛上种植的大葱抵抗海风结实成长，商品市场性得到认可，在农产品市场卖出了高价。时代变化，岛随之适应，如同适应季节更迭。夏日鮸鱼的美味和昔日的风光留在村民的记忆中，鮸鱼是他们无法割舍的怀念。

●　　茌子岛的鮸鱼餐

　　茌子岛居民把鮸鱼挂在高高的绳子上晒干后储藏，以避免野生动物偷食。鮸鱼干时常出现在供桌上。蒸鮸鱼干时，在锅里挂一个挂钩，不让鮸鱼干碰到水，一点调味料都不放，单靠水汽蒸上三十多分钟。出锅后在鱼身正反两面细细涂上香喷喷的麻油，涂上一遍又一遍，再撒上辣椒丝和芝麻盐。大条的鮸鱼得留着卖，小点的鮸鱼在阴凉处晒干后蒸着吃。蒸鮸鱼干肉质筋道，风味独特。

　　锅里放进淘米水和干鮸鱼，不加任何调料煮上一个小时左右，再就着炉火烤上一条满满是油的黄石鱼，茌子岛式鮸鱼干高汤就做好了，汤汁又浓又纯，散发出香浓的味道。一锅鮸鱼干高汤足够 20 个人填饱肚子。高汤具有很高的营养价值，吃

鮸鱼的特征是像盔甲一般的鱼鳞

一条鮸鱼就能做成一桌菜

完后第二天，脸色还非常好，可以向其他人炫耀。每到夏天，荏子岛居民的愿望都很单纯，只希望出海后能平安归来，炎暑中能维持健康。他们将愿望注入鲍鱼餐，做起来虽然耗时，但吃起来痛快，算得上是夏天的一大奢侈。

● 匠人的餐桌

吃鲍鱼并非新安地区独有的文化。在韩国，提起鲍鱼，就会想到"国弓"（韩国箭），两者密不可分。一条鲍鱼才有一个的鱼鳔是制造国弓的重要材料。鲍鱼鱼鳔彻底晒干后浸水、蒸馏，就能做成鱼胶，鱼胶是做弓箭和矛最好的黏合剂，鲍鱼胶经过千年也不会断。甚至有人说，中风嘴歪的人在另一边脸上涂鲍鱼胶就有可能恢复原状。鱼胶黏合力强，比柔韧的阿胶更适合用来做弓箭。

制作弓箭的匠人到了夏天就要寻找昂贵的鲍鱼鱼鳔，还要找不同的木头，做一把弓箭平均要花上四五个月。制作弓箭虽然已划归非物质文化遗产，但匠人的经济状况仍不容乐观。为了做国弓，他们在夏天一定得买鲍鱼，就算想吃其他食物也没有办法，只能让自己的嘴适应鲍鱼的味道。

匠人的妻子嫁到婆家来才第一次看到鲍鱼鳔，夏天得想尽办法为丈夫准备鲍鱼餐。鲍鱼鳔稍微浸泡后加上蔬菜、麻油和辣椒酱拌匀，做成又辣又筋道的拌鲍鱼鳔，既能配饭，也可下酒。炸鲍鱼鳔小孩子也爱吃。去除鱼鳔的鲍鱼肉可拿来煮成辣汤。曾经讨厌的鲍鱼鳔，在女人手中成为家里设宴时的美食。匠人因为热爱弓箭，选择了以此营生，做弓箭需要鱼鳔，又注定他们一辈子都离不开这里，像被鱼胶黏住了一般。

黄桥益的味觉专栏

鳐鱼，熟成带来的高贵

鳐鱼的肉并不那么有弹性，在嘴里会融化开来，算不上特别鲜美，最多算是稍有后劲。它的味道并不会让人惊叹着"好吃"拍案而起，反倒是吃了之后得回想上好一会儿，"这到底是个什么味道？"鳐鱼生鱼片就是如此。要想品尝鳐鱼的美味，必须经过熟成。朝鲜时代，汉阳的两班贵族视鳐鱼为珍味，也得归功于熟成。

古时候，将鳐鱼从济物浦运到首尔多走陆路，炎热的夏天路上鱼肉会熟成一两天左右。也有可能为了运送保险，会除去内脏，撒点盐，稍微用盐腌一下。鳐鱼经过熟成后，肉质更紧实，美味也更浓烈。熟成的鳐鱼，比起生鱼片，更适合做汤，而比起做汤，又更适合拿来煎。鳐鱼虽珍贵，但寡而无味，并不那么高贵。

时间的味道

记住的味道也许更多来自回忆，
而非舌尖。
记住像是一种礼物，
可能完全停留在母亲的指间，
也可能会变成一种刁钻。

最想记住的瞬间，
是隐约的乡愁和锋利的回忆，
在心上精雕细刻，
在餐桌上流传。

田头餐

——田头隐藏的历史

高城

江原道

现代人请客总是不情不愿，

办个婚宴还让客人凭请柬入场，

这在重视分享的高丽时代无法想象。

所幸还有高城的餐桌，

沿袭了高丽时代的美德。

遇上不会煮章鱼的宗家媳妇，

工人骂骂咧咧着还是会把饭碗吃空。

华丽的高城田头餐，

是生活的智慧，

也是历史造就的文化。

农耕机械取代人手，

不再紧缺人力，

也不再有人饿肚子，

田头餐不需做得丰盛，

却保留着分享的快乐，

在高城餐桌上流传。

● 　　连王室都爱的高城食醢[①]

　　从统一新罗时代的"笔札"中可以得知，当时已有外送食物的制度。"笔札"是纸张出现前，写在木头片上的信件。笔札上记载，东宫（太子殿）紧急派遣官吏至高城，将现在的食醢，即中上等品的食醢放入缸中带回。为了区区一个食醢缸，竟派遣官吏骑马奔至江原道高城去取。而且，为什么偏偏是高城的食醢呢？

　　江原道高城巨津港，渔民从漆黑的凌晨起，就开始奔忙。巨津港临近捕捞界限[②]，需要得到海洋警察署许可才能捕鱼。渔船一拿到出渔许可，便争相离开港口，急着抢先确认渔场。然而在天气寒冷的季节，收成并不理想。

　　漆黑的海上，连海岸线都看不到，但对渔民来说，已经足够明亮了，渔民对这片海了如指掌，不一会儿已经找到了浮标，捞起了生活的希望。但到了冬天，就连高城海域最常见的鲽鱼和狮子鱼都捞不到。渔民辛苦一天，收入却连油费都不抵，这是唉声叹气的一天。

　　渔民早上出海捕鱼，妻子收拾着从海里捞起来的生命，碾碎做成冬天的食物，忙得不可开交。寒冬季节内陆地区一般离不开泡菜，但高城不同，食醢比泡菜更受欢迎，高城食醢不同于其他地区，不是在海鲜上撒上大量的盐腌制，而是将爽口的萝卜切丝加入海鲜，还用小米饭增添美味，制作过程繁复，味道比一般食醢来得清淡。古代，高城地区的盐非常稀有，加之当地的寒冬一直持续到 5 月，不需把食物腌得很咸。反倒是冬天没有蔬菜，也没有肉，特别难挨，于是当地人开发智慧，做

---

① 醢：hǎi，用鱼、肉等制成的酱。
② 朝韩间设置的捕捞界限。

成高城食醢。明太鱼如今越来越少见，被称为"金太"，其实之前相当普遍。明太鱼鱼鳃食醢的钙含量比牛奶和鳗鱼还高，足够当地人补充冬日的营养。人们常说吃过鱼鳃食醢一辈子都忘不了，正是这道美味驱使新罗官吏挥动马鞭取来带回。在高城至今还能品尝到这种美味。

统一新罗的首都位于距离高城420里的庆州，生活在庆州的王族是如何知道高城食醢的美味呢？从地理位置来看，高城地区是统一新罗最北端的城市，毗邻东海，饮食种类多样，以清淡的鱼类和贝类为主，美食文化发达。新罗王族与高官都爱爬金刚山，而高城是前往金刚山的必经之路，为了迎合官僚们刁钻的口味，当地开发出了多种烹饪方法。

一路从高城奔至三日浦，

南边峭壁上的红字仍清晰可见，

四仙却不知所踪。

他们在这里待了三天，又去了哪里呢？

去过仙游潭、永郎湖了吗？

是否坐在清涧亭、万景台游玩呢？

——郑澈《关东别曲》

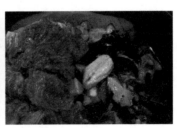

统一新罗时代的笔札和食醢缸　　高城近海常见的狮子鱼和酸泡菜口味相称

朝鲜时代文人郑澈游览江原道时对高城赞不绝口。这里有韩国四大庙之一的乾凤寺，有观赏海上日出闻名的千鹤亭，还有东海最大的湖水花津浦，以及位于峭壁上的清涧亭，秀丽的景色不逊色于宏伟壮观的金刚山。当时郑澈吃到的是什么风味呢？高城肉类稀有，食物主要以蔬菜和鱼类为主。虽然明太鱼近来身价颇高，但在当时的高城地区有"隆冬天好吃要数鲱鱼，多吃要数明太鱼"的说法，明太鱼肉可以煮清汤或浓汤，内脏可以腌明太鱼肠酱，鱼头还能做成鱼头酱，鱼子可以做成明太鱼卵酱，鱼眼珠一般拿来烤了当下酒菜吃。明太鱼浑身是宝，买来非常划算。

● 　田头餐的由来

朝鲜时代人民生活拮据，条件艰苦，一般一天只吃两餐，只有在农忙的2月和8月才吃三餐，田头餐只能从简。朝鲜时代画家金弘道在《水耘馌出》和《田餐》中描绘了朝鲜时代的田头餐，画中妇女急匆匆地赶路，头上顶着盛有田头餐的柳条筐，还有围成一圈正在吃田头餐的工人。画中的田头餐十分简朴，透露出农事辛劳。

农忙期才吃田头餐，所以不会在上面花费太多时间，有什么吃什么，做法也很简单。农民歇下来时，先舀一瓢马格利酒下肚，再盛一碗冒尖饭，用生菜一包，吃得腮帮子鼓鼓的，这就是田头餐，山珍海味也比不上。农民也常吃拌饭，尖椒蘸大酱配饭吃，便很香甜。田头餐带动了便当文化的发达，韩国料理不再仅仅是多碟的饮食文化，出现了独道菜的饮食文化，带来了多样性。

● 高城田头餐尤为丰盛的由来

田头餐一般吃得比较简单，哪怕是江陵地区的权贵给工人做的田头餐也别无二致，将鳀鱼和海带煮汤，汤里下西葫芦瓜和刀切面，再配一碟萝卜缨泡菜和马铃薯松糕，放进柳条筐里就行。有时额外加餐，加上一份玉米糊糊或辣椒酱年糕。高城距离江陵并不太远，但田头餐却尤为丰盛，这是为什么呢？

高城的田头餐比其他地区丰盛、华丽，有海边常见的炸裙带菜、炸咸菜干、烤秋刀鱼、烤鲭鱼等。一般来说，田头餐是主人家为工人做的饭，基本上能填饱肚子就行，但高城的田头餐不仅为工人提供一餐饭，还要让贫穷的工人做完事情晚上回家时带一些回去，所以分量很足，充分体现了"位高则责任重"（Noblesse Oblige）的精神。高城的田头餐竟能让工人打包剩下的小菜带回去，可见待遇之高。穷得食不果腹的工人能享受如此待遇，纯粹是因为主人家的美德吗？

朴素的江陵田头餐

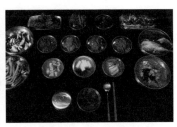

高城田头餐，汇集山珍海味

丰盛的田头餐背后隐藏着一段历史。不少高丽时代的遗老贵族自寻地盘定居，很多村子直到现在仍维持着氏族社会的形态，旺谷村便是一个典型。高丽末年，杜门洞①七十二贤中的咸傅说便定居于此，并留下了后人，村子里至今保留着北方式的屋子和草房的原形，不夸张地说，整个村子本身就是文化遗产。屋子有里屋，也有舍廊房，有瓦房，也有草房，这与朝鲜时代的房子差别很大，朝鲜时代的屋子男女有别，两班贵族和常人的食物也贵贱区分明确。旺谷村团结融洽，躲过了壬辰倭乱和朝鲜战争，在新农村运动中也没有受到太大影响。村子位于深山幽谷之间，被五座山围绕，特别适合隐居。当时想要隐居的不仅有咸氏一家人，其他许多家族也选择了在高城定居。高丽灭国时，平昌李氏李芳远发起"王子之乱"，旌善全氏迁入高城，世祖废端宗时，宁越严氏、龙宫金氏、庆州金氏等大举迁入高城，"中宗反正"②时江陵金氏与宁海朴氏也在这里建起了家园。

　　士大夫大举迁入，人手自然缺乏。这样一来，谁家的田头餐更诱人，工人就更多，干起活来也就更认真。于是，主人家之间展开了美食之争，田头餐越来越华丽，逐渐和贵族餐趋同，形成高城独有的田头餐文化，实现了贵族和平民间的文化交流。贵族的烹饪文化也对平民产生了相当大的影响，最具代表性的例子就是藻类食物的大量使用。当时平民认为藻类只能拿来生吃和煮汤，而贵族还用油煎和腌制，后来还出现了晒干后腌制和油炸海苔等做法。

---

① 朝鲜王朝开国定都汉阳，高丽遗老隐居处人称杜门洞。
② 朝鲜时期的一次政变。

● 华丽的田头餐

韩国有句老话说"天生干活的命",能者多劳,手艺好的女人向来被唤来唤去。早春季节,高城女人最为繁忙,工人在农田上开始挥舞铲子时,她们便像云雀鸟一样,踏着小碎步奔忙于村子里,忙着准备田头餐。她们的巧手会为工人做出怎样的一桌菜呢?

岭东地区最看重章鱼,家里任何活动都少不了章鱼。宗家媳妇的首要任务就是煮章鱼。高城人认为,会煮章鱼才算会做菜。田头餐中的章鱼,直接体现了宗家媳妇的手艺。高城田头餐费时又费工,得忙上大半天手脚不停才做得出来,其中同样不能少的是用来下酒的辣烤明太鱼沙参,以及香辣的红蟹汤。酷暑时还有用橡树叶包着的辣酱烤腌秋刀鱼,吃起来别有风味。小菜也多得不计其数,开胃菜有明太食醢加萝卜缨泡菜,以及用各种藻类和山野菜做成的炸海带、煎紫菜和酱菜,主食有马铃薯糯米蒸糕、萝卜缨饭,或海带汤煮面条,这样丰盛的一餐称为田头餐简直名不副实。

田头餐使用的碗是珍贵的黄铜器,现在祭祀时才会使用。珍贵的黄铜器被端上工人餐桌,在当时的阶级社会根本无法想象。

● 杂酱,田头餐的智慧

高城如今还保留着田头餐文化的痕迹,其中之一就是高城"杂酱"。杂酱是高城地区用来取代大酱的一种速成酱。大酱熟成一般需要两个月，而杂酱只要十天就能吃了，杂酱不如大酱咸，风味独到。在酱曲里面加入盐、小麦、粳米、大麦等磨成的粉末，再加入辣椒粉或海带，有时还会放入发芽麦芽以加速发酵。杂酱用途广，可取代包饭酱，也可以配辣汤一起吃饭。当地人在瓮里腌制杂酱时，有时还会放入类似鹿尾菜的藻类或蜈蚣藻及厚实的海带筋，它们浸染了杂酱的味道，更适合下饭。杂酱产生于难以进行长时间熟成的酷寒中，也是制作田头餐过程中遗留下来的文化遗产。

最适合填饱工人的食物非马铃薯莫属

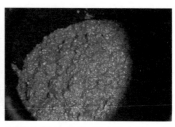

用途多样的杂酱可以用来蘸马铃薯吃

食醢, 做起来复杂, 吃起来单纯

食醢是泡菜, 是海鲜酱, 也是寿司, 还是甜米露。

食醢里去除谷物和蔬菜就成了海鲜酱, 去除鱼和谷物就成了泡菜, 去除蔬菜就成了寿司, 放了发芽麦芽的食醢, 去除鱼和蔬菜的话就成了酒酿。所以食醢里既有泡菜的味道, 也有海鲜酱的味道, 还有寿司的味道, 甚至有甜米露的味道, 它拥有所有发酵的味道。

食醢的复杂滋味, 需要动用全身去感受, 因此很难专注于它的某一种味道。想要感受鱼肉的味道, 谷物的甜味却迎头而上, 想要感受谷物的味道, 蔬菜的爽脆却拨动着牙齿。既然如此, 干脆不要多想, 只需要一碗热乎乎的白米饭就可以了。米饭似乎为它提供了一个白色的空间, 让一整团复杂变得不紧不慢起来。

宗家餐

——深厚的韩国味

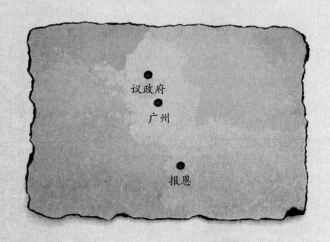

议政府
广州
报恩

●

若说变化是岁月的流淌，
那守护又是什么意思呢？
新桃换旧符之际，
年年感叹时光飞逝，
却躲不过岁月的变化。
家人团聚的新年，
总有想要看到的风景，
门口垫脚石上陌生的鞋子，
身着新衣来串门的孩子，
正欢快地唱着贺岁歌。

宗家不是文化遗产，
而是活生生的历史，
是数百年坚守的住宅，
是宗家人共同生活成长的地方。

漫长岁月中，
宗子守护着宗家的根基，
宗妇守护着餐桌
坚忍也融化其中。

●

● 　传统拜年和宗家待客

　　夜已深，宗家的客人还是络绎不绝，这是农历新年前不可少的风俗，称为"拜早年"。以前不管是不是宗家，农历新年前一天，必须得通宵拜访邻居老人，向他们拜早年，表达"一年来得了很多福"的祝福。

　　首先来到大门紧闭的祠堂前，向祖先拜年，接着拜访村子里的长辈。这是在久居生活的地方才能形成的风俗。而在现代社会，各家住得远，很难挨家挨户地去拜年。

　　新年的早上，宗家的头件事是为祖先备茶礼。韩国老话说"就算只有一勺净水，也要先用来祭拜祖先"。供桌上每一道菜都不能马虎，要心怀祈愿，满腹精诚，为祖先敬献酒和食物。每家的供桌菜品和祭礼方式虽有不同，但侍奉祖先的用心相同。

　　宗家媳妇的新年是在准备茶礼和为宗亲做"饮福食物"[①]中开始的。茶礼上头道菜是年糕汤，由宗妇精心制成，饱含家人福气健康的祈愿。待家人齐聚，节日餐桌才算就绪。这就是韩国人的新年菜，期望带来一年实实在在的好运。

为来年健康和幸运祈愿的"立春联"

――――――――

① 指祭祀结束后，参加祭祀的人们吃祭祀用的酒或祭物。

● 广州李氏和漆谷派宗家

广州李氏漆谷派宗家被公寓楼和现代建筑环绕，却依然挺立，大门口贴着"春帖"宣告农历新年的到来。这一天，分居各处的家人都回到宗家，齐聚一堂。当地过农历新年的方式比较特别，先在瓮里撒上米糠后点火，全家人一起把火烧旺，顺便消毒瓮。接着，宗妇在捣烂的酱曲里拌进韭菜、茄子、萝卜等，放进消好毒的瓮里，腌制"家酱"。家酱在暖烘烘的瓮里发酵，细细碾碎的蔬菜融进酱里，不见踪影。瓮里烧火促进酱料均匀熟成的这个风俗流传已久。

每个宗家都有自家的代表食物。广州李氏宗家的传统食物是萝卜饺子。这道菜做起来相当烦琐，首先将萝卜中的水分完全去除，这样做出来的饺子才能样子完整。沥干水分的萝卜用手捏烂，放入剁碎的肉和豆腐，做成饺子馅直接拿去蒸熟就可以上桌了。李家的萝卜饺子没有饺子皮，饺子馅本身就是饺子。节日里吃多了油腻食物，吃萝卜饺子可促进消化，这正是祖先的智慧。宗家传承的食物没有成文的食谱，只由上一代宗妇传给下一代宗妇，是代代相传的手艺。

广州李氏漆谷派的茶礼桌

"正朝茶礼"和"岁馔"上都少不了年糕汤

宗妇也不是一开始就会做菜的，是在岁月累积中自然而然地学会的。当宗妇的三四十年间，她们和宗家流传的食物一起沉淀。有过苦闷，淌过愁苦的眼泪，在这些时候，抚慰她们的不是丈夫，不是子女，而是婆家的奶奶。这是宗妇摆脱不了的宿命，最理解宗妇的人终究还是宗妇。

● 　宝城宣氏宗家

　　宝城宣氏宗家位于俗离山脚下，他们在日本殖民时期仍坚持推广韩国教育，人称"宣炳国家屋"。宗家共有 99 开间，也很有名。守护"宣敬屋"的宗妇每天的头件事便是探望酱缸

流传至今的不光是传统住宅的瓦当装饰，还有宗妇的厨艺

台。腌制酱料的酱缸台向来十分珍贵，人们能从酱的味道中判断一家的家风、人情味和兴亡。从婆家的曾祖奶奶、奶奶，到婆婆，再到媳妇，这是宗妇的特权。也有人说，当宗妇接下酱缸台库房的钥匙起，便开始掌握实权。酱缸台的酱经历了数代人的手，原封不动地留存下宗妇生活的印迹，有她们的呼吸，有她们的眼泪，层层叠叠，积淀了岁月，渐渐熟成。宗妇传给宗妇的不仅仅是钥匙，还有宣家宗妇的安慰，这些足以使之忍辱负重，对抗岁月。

院子角落里立着一口简单的铁锅，它可以煮出软硬适中的米饭，用来做年糕。时代变迁，但宗家仍然坚持在自家磨坊里磨年糕，因为年糕是新年首个茶礼桌上的食物，必须体现出宗妇的手艺与精诚。年糕的面团做好后，拿着模具趁热压成条状，凝固成型后，再切成圆片。宗家在正月第一天不吃米饭只吃年糕，像硬币一样圆滚滚的年糕象征一年的圆满。年糕汤里的年糕是圆形的，形如太阳，被其他地方称为"太阳年糕汤"，蕴含财源滚滚来的希望。长条形状的年糕象征无病长寿，一碗年糕汤里蕴含着祖先的智慧。

还有一道传统食物非经宗妇的手不可，那就是"海参饼"。海参，顾名思义，海里的人参。海参先在水里泡开、发

只有宗妇才能拥有库房钥匙

从一双手传到另一双手，宗家的味道源远流长

好，再用肉做成肉馅灌进海参里，外面裹一层蛋液，小心煎好。宗妇刚嫁进门时，看到发好的海参以为是虫子吓得逃之夭夭，现在她已成了宗家的顶梁柱，满怀精诚，熟练地做出一道又一道菜。宣氏宗家在茶礼上供奉的什锦烧烤串和韩国一般的烧烤串不太一样，要把肉剁碎，这样吃起来不硬，有助消化。砧板上的剁肉声，与捶衣服的声音很像。剁好的肉放在火炉上，点火，用手测着热度精心烤好，有生一个有出息的子嗣的心愿。

● 　　西溪朴世堂宗宅

西溪朴世堂宗家依山而居，十分幽静。朴家的老屋在朝鲜战争中被烧毁。朴家朴素而温馨，不知是家像人，还是人像家。西溪朴世堂先生毕生清贫，追求隐遁，舍堂为追忆他而设，如同逃离尘世的文人坐落于一个角落，万籁俱寂。西溪先生亲手栽下的树，仍在原处，抚慰着宗妇的心，数百年来，看着宗家来来往往的人。宗妇讲究凡事亲力亲为，心目中最高品

西溪朴世堂宅丰盛的打糕

尽管经历了韩国战争的战火，西溪先生所植的树依然存活了下来

德便是"奉祭祀，接宾客"。宗家的客人源源不绝，宗妇总在考虑待客食物，春天摘好楤木芽，也不能全部吃掉，煮好后会冻一些收起来，以便冬天时还能拿出来招待客人。这便是宗妇的心意。

宗家一年忙到头，到了祭祀上代祖先的日子更加繁忙。供桌上不能出现红色的泡菜，所以宗妇既要做一般的红色泡菜，又要做祭祀用的泡菜。嫁进宗家已经三十年，一开始，母亲看到宗妇的生活，想着自己双手不沾阳春水的女儿，只能暗自叹气。于是宗妇把母亲担忧的叹息也腌进了瓮里。不管是什么东西，只要用心便会不同，家庭的安宁也许正是来自宗妇的精诚。宗家准备食物的过程相当繁复，肉脯这种可以买来吃的食物，宗妇也非要一板一眼地自己做出来。

朴世堂宗家一年要准备 10 次以上的祭祀，一般人难以想象如何应付，但这毕竟是宗家的传统。祭祀用的食物饱含着烹饪人的心情和心意。每家的祭祀食物各有差异，这里的供桌上会把每个碗都装得冒尖，盛上让人眼馋的炒杂菜。宗家祭祀以宗妇斟祭酒开始。男人们进行祭祀的时候，宗妇又开始准备"饮福食物"。粳米饭量少，还得煮面条备着。韩国人常说，"家里人多辛苦"，大概就是因为"饮福食物"吧。

宗妇对生者和逝者怀着同样的用心。来者皆是客，不可怠慢，起码要煮一碗茶。了解宗妇的客人去宗家做客时充满了感激，又怀着歉意，百感交集之处正是韩国的宗家。

年复一年，
总在寒冷中迎来新的一年，
感受到脉脉的温情。

冰面下鱼儿在自由呼吸，
绿油油的水芹菜苗尽情发芽，
做着春天的梦，
我们也该忍受着，
怀抱梦想迎接新年。
今天早上，
面前是一杯温酒，
和一碗汤，
仅此而已，
便觉得丰盛而令人感激吧！
——金宗吉《农历新年早上》

黄桥益的味觉专栏

—— 年糕汤，年糕的味道和汤的味道 ——

很久以前，当舂米技术还不发达，铸锅的铁也不够时，很久以前，当人们还没办法用谷物做饭吃时，韩民族的老祖先就开始吃年糕了。他们将谷物磨成粉后拿来蒸，做起来并不太困难。

年糕凉了之后会变硬，所以韩国人将凉年糕放在热汤里吃，这就是年糕汤的由来。农历新年餐桌上的年糕汤是韩民族饮食文化史上的"化石"。这个诞生于新石器时代，宣告农耕时代开始的食物，至今仍在食用。

年糕汤主要吃汤味，年糕汤里的年糕作为汤料，最多只起到用来嚼一嚼的作用。刚做好的长条状年糕散发出大米的香甜，但凉了发硬的长条状年糕味道几乎空白。但看似淹没于汤中而索然无味的长条状年糕块，全部捞起后单单喝汤，又奇妙地显出了差异。年糕本身虽无味，却能影响汤味。也许，生活在另一个世界的祖先也和年糕汤里的年糕一样，不在犹在。

渔家餐

——思念发酵的味道

瑞山

忠清南道

　　　　生活越来越方便，
　　回忆却越来越不值钱。
　　谁还记得二十多年前，
　　通往宝地瑞山的海路
　　　如今仅留陆路。

　　身陷快节奏的生活中，
莫名想念起那条被遗忘的海路。
　　海风呼啸而过，
子女长大成人，离家千里，
　　留母亲独坐桌前，
　　任记忆发酵成不舍。
母亲裙摆般简陋的瑞山渔村餐桌，
无声诉说着过去生活的朴素
　　　和母亲的温暖。

● 三吉浦和船市

忠清南道瑞山三吉浦,民风淳朴热情,让异乡人也如归故里般亲切。从前这里是一片烂泥滩,1984年建起大湖防潮堤后,小渔村变成了港口。一同被改变的还有当地居民,以及他们的生活方式。

三吉浦因位于三吉山下而得名,这是个傍海而居的小渔村,也是瑞山最大的港口。三吉浦的码头一直延伸进大海,渔船在两边排列成行,旁边挤满了人,形成一道独特的风景线,浮在水面的渔船里正在卖活鱼。船上的渔民将刚捞上来的鱼做成生鱼片卖,颇有人情味。船市随水时一天移动一次。三吉浦船市的另一道风景线就是几乎都是女人在做事,因为男人都乘船出海了。

三吉浦船市移动的样子

船市里贩卖多种鱼类，其中最有代表性的就是石斑鱼。石斑鱼生鱼片切成条状，肥厚而又味美，可以打包买回家吃，也可以就地吃，还能一边欣赏海景。石斑鱼并非四季丰收，船市却能全年无休，这要仰赖附近网箱养殖的石斑鱼。其实三吉浦并不是一开始就养殖石斑鱼。

　　瑞山位于忠清南道的一个角落，地势偏远，依山傍海。素有"宝地"之称的瑞山，其地名最早出现于高丽忠烈王（高丽第二十五任王）时期，这里气候良好，海里有丰富的鱼群。这个一年四季渔获颇丰的小渔村，以卖鱼为生，但建起大湖防护堤后，一切都变样了。鱼儿不再来这里产卵，渔获量不断减少，污染加重。渐渐地，养殖业活跃了起来，取代了打渔业，岛上开始出售养殖石斑鱼，客人吃起来也方便。对三吉浦人来说，石斑鱼是他们在变化中求生的手段，崇高而圣洁。

　　当地人在现捞的石斑鱼上稍微撒点盐，做成石斑鱼脯。石斑鱼晒干了吃是瑞山特色，体现了祖先的智慧。在鱼身上撒盐也有讲究，不单单是为了能够长久保存，还能让鱼的蛋白质凝固，留住美味。石斑鱼身上抹满盐，再用海水漂洗。很多人以为鱼脯不过是将鱼撒盐晒干，其实制作起来相当繁复。船市里还有人在卖石斑鱼脯拉面。石斑鱼富含氨基酸，能消除疲劳。

船市里晒石斑鱼

晒石斑鱼脯的瑞山一景

用石斑鱼做成的午餐，最适合船市妇女吃了之后恢复体力，缓解疲劳。渔船、石斑鱼和妇女，相互和谐的三者正是三吉浦船市的三大要素。

● 看月岛土花

西海潮涨潮落，送给瑞山人大片泥滩，相当于肥沃的农田。泥滩农业丰富了当地人的餐桌，带来无限美味。沿瑞山大海一直往前走，可以来到看月岛。三吉浦拦起了浅水湾，把岛变成陆地，真正算得上是"沧海桑田"。伴随变化和开发而来的喜怒哀乐在海风中发酵，看月岛人一如既往守着大海和泥滩生活，泥滩是他们的食物来源，是生命，也是梦想。

韩语中称牡蛎为"石花"，也就是石头上开出的花的意思，颇为浪漫。但看月岛上却称牡蛎为"土花"或"土蚝"，因为牡蛎刚开始是附在石头上生长，而后又掉到泥滩中成长。因此在当地不说"采"牡蛎，而说"挖"牡蛎。

看月岛的牡蛎随潮水涨落，一般一天会有两次袒露在阳光下，三年龄的牡蛎也不过在泥滩两三厘米之下，它大概只有养殖牡蛎一年左右的大小，但肉质更结实，海味更浓、更香。看月岛人挖牡蛎时用的是钩子一样的"钓钩"，当地有句话说，看月岛人的家里哪怕没有勺子，起码也有四五个钓钩，可见它的重要性。

● 挖土蚝的妇女

妇女们凌晨便聚到一起，急匆匆地奔向大海，赶着水时去挖牡蛎。她们在海边走上好一会儿，找准位置干起活儿来。看月岛渔村土生土长的妇女徒手就能挖牡蛎，这是不算家业的家业，流传已久。

对当地人来说，挖牡蛎就像吃饭睡觉一样，是日常生活的一部分，并不稀罕。妇女们顶着刺骨的海风，下了泥滩，忙得连直起身来伸个懒腰的时间都没有。海风特别凉的日子，她们会背上"稻背"以抵挡冷风。稻背是忠实的伙伴，尽管稍嫌累赘，但一定不会忘了带，以免被风"刺"了骨头。大冷天，脸和手冻僵了，妇女们一个个点起自带的"黑火"。远远看见男人们过来了，估算着时间差不多了，各自收拾手头的工作。来的多半是丈夫或儿子，他们不出海时一天两回拎着牡蛎篮子到泥滩来，装得满满的再带回去。挖牡蛎一般凌晨开始，到下午海水涨潮时才结束，非常辛苦。当地人靠海讨生活，注定一辈子都离不开这片海。

● 饭徒里风俗与小牡蛎酱

看月岛有个妇女间的风俗，称为"饭徒里"，指的是一锅饭在各家传来传去，一起吃。这锅饭就是营养牡蛎饭，在煮好的米饭上放上焯好的牡蛎，再拌入红枣、栗子和胡萝卜。当地人团聚时，餐桌上还一定少不了牡蛎煎饼。牡蛎包饭酱简单又美味，在大酱里拌入辣椒粉，然后放进山蒜和牡蛎就行了。再配上风味绝顶的小牡蛎酱，可以一口气吃下好几碗饭。小牡蛎酱已有七百多年的历史了，早在朝鲜王朝建国时，使臣无学大师进贡太祖李成桂的御贡中就有它，小牡蛎酱因此扬名全国。牡蛎在盐水里泡半个月，再放到暖和的地方熟成，发酵到刚刚好的程度，将捣细的辣椒粉拌进温水中，放入发酵好的牡蛎再拌匀，小牡蛎酱就做好了。它不仅美味，还富含矿物质、维生素 C 和蛋白质。

● 　　渔村餐

　　大眼蟹在当地被称为"能伙计"，它视觉敏锐，在泥滩中捕食有益微生物为食。大海宝藏无数，却不轻易示人，渔民要深入泥滩下才能抓到大眼蟹，还得洗上好几遍才不会有土味。腌蟹酱时，一定要煮沸酱油，才能去除杂味，这样一来，味道也更有深度。酱油放凉了之后，放入大眼蟹，腌制出特别的蟹酱，营养价值高，还有益于治疗高血压和糖尿病。取腌泡菜时剩下的绿色白菜叶，以及不太大、不太老的南瓜叶，加上大致剁碎的生辣椒，最后放入蟹牡蛎汤和大眼蟹，做成美味的蟹汤。现如今，饮食品种多样，也有各种营养药剂，但它们仍牢牢占据着韩国人的餐桌，这是妈妈手中的家常菜。

　　瑞山各处风景都是一样的。浦口边、泥滩上，随处可见蹲坐着的妇女，一边呵着冻僵的双手一边干活，手不见停。大海和滩涂也许让她们疲惫不堪，疲惫发酵着与她们共同度过了漫长的岁月，成就了只属于她们的丰盛餐桌。

石斑鱼，深不可测的味道

石斑鱼粗短又丑陋，看起来性格暴躁，吃起来味道也不值得一提。

太小或非当季的石斑鱼吃到嘴里只有寡淡的水味。偶尔吃到在水箱里养了很久的石斑鱼，单看它那样子就让人郁闷。

石斑鱼常见，而美味的石斑鱼不常有。晒石斑鱼干的时候，鱼肉彻底晒干，浮出白色粉末后，才真正凸显它的味道。鱼肉含酵素，晒干后才会更有味道，石斑鱼熟成后的味道更特别。石斑鱼干可以拿来蒸，但想要真正品尝石斑鱼的原味，就非得煮鱼汤不可了。少放一点调味料，加一点虾酱调味。那粗短丑陋的家伙晒干后竟能熬出如此有层次感的美味，简直令人咋舌。

在忠清道品尝石斑鱼干，仿佛切身感受当地人的真性情。

失乡民之餐

——心酸的乡味

江原道

束草
（阿爸村）

●

江原道束草青湖洞，
好像有晒不完的鱼。
故乡的风虽然刺骨，
思乡之情却早已深入骨髓，
遥望故土，
甚至想念那透骨的寒风。
一个又一个的失乡民聚成了阿爸村，
故乡可望却不可即。
无知的农民哪懂什么理念什么思想，
不明就里地向兄弟举起了枪，
一周后再见的约定，
六十多年了仍无法兑现。

就像大海怀抱着鱼，
谁都有心事。
总不能失魂孤坐自心伤，
饭总是要吃，
孩子也要拉扯大。
大海里丰富的鱼，
对两手空空南下的失乡民来说，
正如故乡咸镜道的母亲河一般。

●

● 束草特产座儿肉

束草有雪岳山，有东海，还有湖水，融合了山景、海景、湖景之美。在这里，连接束草中央洞和青湖洞的木筏历史悠久，这种船需要船客一起拖动才会前进。于别人而言，木筏也许不过是回忆中的一瞥，但于青湖洞人来说，木筏是重要的交通手段，生活中少了它可不行。

不知从何时起，青湖洞倒不如"阿爸村"这个别名来得响亮了，大概是因为它充满了人情味吧。阿爸村以咸镜道特色的食物而闻名，当地人的餐桌上演绎着不为人知的生活与文化。束草阿爸村是韩国典型的"失乡民"聚居村。1951年，朝鲜战争如火如荼，1月4日，大批朝鲜人逃难至韩国。停战后，南逃的咸镜道人来到几无人烟的青湖洞定居下来。大部分失乡民逃到了釜山一带，但为了尽快回到故乡，又来到距离朝鲜较近的青湖洞白沙滩，最后定居在这里。咸镜道位于海边，能捕获大量的鱿鱼和明太鱼，于是失乡民以此为生，打造出生活家园，直至今天。

村子里的刷拉声，是村民去鱼鳞的声音。沿着狭窄的小巷子漫步，可以看见家家户户的窗沿上留下的岁月痕迹。村子里随处都能听见处理鲽鱼细鳞的声音，望见晒鱼干的景象。临海风干的鱼肉独具魅力，有鲜鱼没有的味道，是退去水分后产生的独特美味和筋道口感。半干的鱼肉拿来烤，不会油花四溅，这是内陆地区的女人嫁到青湖洞学到的生活智慧。青湖洞人在农历新年和中秋祭祀时都会使用半干鱼肉。

当地人还会蒸鱼干吃，蒸的时间不超过二十分钟。晒干的鱼不容易黏在一起，肉也不会散开，而且鱼干不放辣也不会腥。鲽鱼还有很多传统的烹煮方式。新鲜的鲽鱼味道不重，放入甜辣口味的酱料一起烧到干，吃起来爽口带劲，十分美味。鲽鱼也能煮成清汤，看着就让人觉得心旷神怡。

为什么青湖洞鲽鱼料理尤其发达呢？富饶的东海四季都能捕获丰富的鱼类。春天，渔民在鱼群密集的地方放好"鱼篱"，找准位置，用力一拉，就能捞起束草的春海鲽鱼，其他鱼多有淡旺季之分，但鲽鱼全年十二个月都有。明太鱼是东海代表鱼种，渔汛从 12 月到来年 4 月，雷鱼从 10 月到 12 月，鱿鱼从 9 月到 12 月，只有鲽鱼不分季节都能捕获。渔民认为鲽鱼不挪窝，称它为"座儿鱼"。

朝鲜战争中逃难而来的咸镜道失乡民定居于青湖洞

青湖洞时常能看见腌制鲽鱼食醢的景象，十分有名。鲽鱼食醢本是咸镜道的代表菜，却受到束草人的喜爱，靠的是失乡民牢记故乡的舌头，在束草找到新家园的咸镜道人思念着的乡味便是食醢。当地人的餐桌上常会出现鲽鱼食醢和明太鱼米肠。束草人对这些菜不仅不排斥，反而心怀好感，还劝失乡民拿出来销售，于是这些菜渐渐成为束草的名特产。名特产不仅带动了束草商圈的发展，还促进了束草和咸镜道两地文化的融合，形成当地独特的文化。这些菜也被端上了韩国一般家庭的餐桌。

● 　　咸镜道人的鲽鱼食醢

　　咸镜道位于朝鲜半岛的最北端，山势险峻，纵横交错，水田不多，多为旱田，这里出产的小米、黄米和大豆最有名。咸镜岛毗邻东海，一年四季都能抓到鲽鱼，一日三餐都吃小米，因此从朝鲜时代起就开始用鲽鱼和小米做成食醢。气候特别寒冷时，鲽鱼食醢适合用于补充体力。利用常见食材做成美食，从中可以窥见老祖先的智慧。

准备用鲽鱼做食醢　　　　　用鲽鱼做成的早餐，充满乡味

腌制鲽鱼食醢时，最重要的莫过于煮小米饭。小米饭的黏度直接影响到食醢的发酵，为了搭配鱼，不能使用黏度高的黏小米，而选用黏度稍弱的粳小米。挑选鲽鱼，按 10:1 的比例放入盐，先腌上一天左右，这是防止鲽鱼变质的第一道防线。腌好的鲽鱼洗净黏液，放入煮好放凉的小米饭，加辣椒粉拌匀。小米饭不仅能促进发酵，也能减少钠含量，增加钾含量，这样一来，食醢就不会太咸。做好后，还得发酵一个礼拜，才能让食醢沉淀出特有的美味。

做鲽鱼食醢过程繁复，也很费神，但从营养学角度来看，是值得称道的健康食品，小米富含食用纤维，鲽鱼富含矿物质与钙质，尤其适合咸镜道人。

12月到第二年4月是明太鱼的渔汛期

● 宴席上的明太鱼米肠

　　吸引咸镜道人的另一种鱼是明太鱼。明太鱼做成的明太鱼
米肠向来是宴席菜。做明太鱼米肠时，首先要将明太鱼的肚子
剖开，剔净鱼骨，腾出空间好多放内馅。咸镜道食物块头都比
较大，恰似当地人的宽厚慷慨。将各种蔬菜与煮好的猪肉切
碎，沥干水分，再用大酱调味，拌匀后看起来和饺子馅差不
多。最后将调好的馅填入去除鱼骨和内脏的明太鱼里就行了，
这道美味足以招来散落在各地的老乡。往事早已深入骨髓，失
乡民将刻骨铭心的记忆用力压紧，填进明太鱼米肠里。明太鱼
米肠做好后，串上竹签拿到室外晒，表面晒干了味道更鲜美。
晒上三天，变得硬邦邦的，可蒸可烤。晒好的明太鱼干不容易
散开，能吃到的完整明太鱼肉，这便是老祖先的智慧。把明太

明太鱼米肠中装满了回忆

鱼米肠放在热气腾腾的蒸笼上，蒸三十分钟，米肠就可以上桌了，口感柔软，口味清淡。

● 　　阿爸村的简陋宴席

　　做好明太鱼米肠，村人带上一两样自家食物，聚到一起。于是，做好明太鱼米肠的日子就成了村人聚餐的日子。餐桌上有明太鱼米肠、鲽鱼食醢、炸鲽鱼等各种咸镜道代表食物。虽简陋，但一定会出现裸杜父鱼，也就是当地人口中的"裸杜父鱼汤"。汤里只放盐和裸杜父鱼，熬成奶白色，和牛骨汤一样。

　　咸镜道人煮鱼时只放盐。咸镜道菜的最大特色就是煮东西时，什么调味料都不放，只放盐。他们认为哪怕放萝卜，萝卜的菜味也会影响鱼味。咸镜道的菜式看似简单，但在味道上不耍花样，完整呈现出食材原味。

　　鲽鱼食醢和明太鱼米肠勾起失乡民的乡愁。离乡的咸镜道人吃着鲽鱼食醢，熬过了离别的痛苦。他们没有忘记故乡的味道，盼望有一天能够重归故里，于是食物中也带着希望。

　　咸镜道式的餐桌呼唤着故土。失乡民思念着记忆模糊的故乡，带着想回却回不去的郁愤，做出一道道家常菜。食物像一条锁链，用味道将后人与故乡联系起来。咸镜道家常菜就是这样在韩国流传开来的。

　　　我们无欲无求，逐渐苍白。
　　　善良得无法更善良，

没有刺，也没有拳头。
太过精简，以至于苍白。
虽穷，却不委屈，
没有理由孤单，
也不钦美谁。
有了白饭和鲽鱼，
有你我相依，
哪怕被世界抛弃，
也无所谓。
——白石《膳友辞——咸州诗抄》

处理好的明太鱼晒上三天，晒得硬邦邦的，再用来做菜

黄桥益的味觉专栏

鲽鱼，世外之鱼

诗人白石抛弃了这肮脏的世界。他在诗中写道"哪怕被世界抛弃，也无所谓"。

他选择抛弃这卑劣的世界，视鲽鱼为同志。鲽鱼活在清水下、在沙中，无欲无求、善良地生活，实在太过"精简"。白石以鲽鱼为友，也许吃上一尾便觉得幸福。

鲽鱼是穷人的食物。可以直接生吃，也可以加点凉水拌着吃，可抵一餐饭。可烤可蒸，可煮汤，还可做成配饭的食醢。鲽鱼肉很薄，用心剔骨才能吃到少少的肉，让穷人体会到更极致的穷。吃净了鱼肉的鲽鱼骨头显出"无欲无求"的白，让人想起极度清贫的生活。

白石吃鲽鱼时一定会舔鱼骨，因为他过的是清净的生活。

智异山山野菜

——餐桌上的常客

◉

有位诗人曾说过，
山色变换，
染绿了餐桌。
始于远古的山野菜拥有惊人的生命力。
手艺传承，口味相传，
漫长岁月间固守韩国餐桌的一角。
春日，当万物复苏，
漫山遍野的山野菜，
被一棵棵拔起，端上餐桌，
填饱一张张嘴。
不认得三十种山野菜的媳妇，
会饿死一家人，
山野菜正是如此重要。

简单朴素的山野菜凑成的餐桌，
诉说着采摘山野菜的辛苦，
看得见女人们一次次弯下的腰。

◉

● 与山步道边的低贱山野菜结缘

开车开上好一会儿才来到智异山山脚，满眼都是树、土和草，脚下是城市里难见的土渣路。也许智异山步道的游人正是厌烦了平坦的沥青路，冲着这粗中带细的土渣而来。沿山步道漫步，一路走进智异山的深处，漫山遍野的山野菜扑面而来。春天，当地妇女想着一天天新长的山野菜，在家里根本就待不住。

智异山步道出名后，来的人越来越多。意外的人潮固然是好事，但山上的山野菜也越来越少，马蹄菜原本俯拾皆是，如今倒成了稀罕物了。当地妇女只能更用心地采集，预备着一年的吃食。

山步道上有一家民宿，店内为客人准备了烤肉用的木炭，用来煮山上现采的山野菜。女店主原本患有忧郁症，但越来越多的客人找上门来，在与客人交流的过程中，她的忧郁症竟渐渐治愈了。可以说，山步道的陌生人是治愈忧郁症的医生。大山献出了山野菜，春日山野菜又招来了人群。山步道如同韩国的圆形餐桌，兜兜转转，蓦然回首中似曾相识，不曾告别也不曾远离。智异山形成了步道，山步道治愈了人类。

民宿院子的地上铺着煮好的蕨菜和马蹄菜。马蹄菜无毒，可生吃配烤肉，蕨菜有毒，得煮了才能吃，而且不适合体寒者，煮过的蕨菜寒性有所缓解，又有解热、振奋精神的效果。烹调山野菜时主要使用的调味料有盐、大酱、酱油、辣椒酱和芝麻粉，桔梗稍苦，需额外放入糖稀。很多人以为桔梗只是一种山野菜，其实它还是药材，能有效止咳祛痰，熬煎后当茶来喝，有益于呼吸系统。

山野菜的烹制法非一日而成，而是积累了数百年的经验，何时采摘，放何种调料，一次又一次尝试下，才从一张餐桌传到另一张餐桌。平凡得不受瞩目的山野菜，在一众口味刺激的韩国菜中，牢牢守护着餐桌的一角，不曾离开。它又是从什么时候开始和一般蔬菜区别开来的呢？

山野菜的韩文标记最早出现于15世纪刊行的《月印释谱》，当时山野菜和蔬菜都写作"野菜"，并无区分。后来，"山野菜"专指山上挖到的菜，"野菜"专指种植、栽培来吃的蔬菜。

到了用餐时间，山步道访客用女主人提供的木炭点上火，放一口大铁锅，锅里抹好油，再放上智异山黑猪肉开始烤肉。取一片熊蔬，代替生菜和紫苏叶来包饭，里面放点稍微烫熟的刺嫩芽和马蹄菜，一口吃下，猪肉的油腻被稍苦的山野菜洗

智异山横跨庆尚南道、全罗北道和全罗南道

净，融合出独特的香气。

● 朴实却丰盛的智异山餐桌

　　煮米饭时，水开后放入切成大块的马铃薯，焖饭时再放入山野菜。放得太早，山野菜会发黄打蔫，风味大打折扣。松叶和猪肉交错叠放，可做成水煮肉。水煮肉煮好后放到旁边焖一会儿，正好开始煮大酱汤，一道火能做两道菜。煮大酱汤时还能腾出手来拌山野菜。拌山野菜也有秘诀，要利用手腕的力量，拿着山野菜抓一下放一下，这样才不会把山野菜压烂，同时能让酱料充分拌匀并渗透入味。一整天的辛苦，加上一整个冬天的辛劳，才做成了这一桌智异山的美味。

● 石耳菇，长生不老药

智异山餐桌

晾菜的女人

离开山步道，继续朝智异山上走，就开始登山了。想要采到石耳菇，得一路攀爬到海拔 700 米以上人迹罕至的高地。老人常吃石耳菇会更有力气，血气更旺，所以石耳菇又被当作"长生不老药"。摘石耳菇得一直深入到智异山的深处。走上很久，模糊中看到像落叶一样的东西，那就是石耳菇。石耳，顾名思义，石头的耳朵。石头上有菌类和藻类共生，严格来说算不上蘑菇。它是一种珍贵药材，具有很强的抗癌能力，可补充气力，还能降低血压和血糖，治疗中老年疾病。石耳菇只有野生品种，一般生活在十分陡峭的地方，周围需要有一些树形成半阴地才行。采菇人都说，石耳菇长在仙地。

石耳菇十分珍贵，因为采石耳菇绝非易事，采菇人冒着生命危险，先把绳索固定好，再踩着九十度倾斜的石头往下爬才能采到，采菇人必须考取资格证。过去装备不完善，采菇时事故频发，许多人送了性命。据说，采菇人就是因为这样故意抬高了石耳菇的价格。

石耳菇生长在石头上，风吹雨打，生长速度缓慢，要长到直径 10 厘米大小，得花上五十年以上的时间。经历漫长岁月长成的石耳菇，其坚忍精神令人肃然起敬，自然不能轻待。当地人一般只摘取大朵的石耳菇，在石头上每走一步都很小心，以免踩到小朵的石耳菇，影响到它的成长。

● 松台村丹枫草

谷城郡的松田里有大片松树林，因而得名。松台村是松田里地势最高处，村后便是深山。村子里刺嫩芽遍地，但村民不采。当地人认为，景色优美的森林里连不值钱的茼蒿也值得采，但脏兮兮的地方长成的山野菜绝对不能碰。当地是典型的山地，没有田，连蜜蜂也活不下去，没法养蜂，当地人赖以维生的只有山野菜。

妇女在家附近挖来茼蒿，稍微煮熟，做成茼蒿蒸糕，这是她们去挖山野菜的路上随身带的口粮。茼蒿烫熟后，用智异山上流下的溪水漂洗干净，放入面粉和盐，和匀后在大铁锅里蒸二十分钟，茼蒿蒸糕就做好了。老人年轻时挖了山野菜顶在头上走回家，充满了艰辛，如今年轻不再，土路也变成了沥青路，日子才一天天好过起来。缺乏吃食的时候，茼蒿蒸糕待遇颇高，现在不缺吃的了，它又作为古早味而备受礼遇。

丹枫草是一种珍贵的山野菜，只生长在地势高，树不多的地方。国立公园内的林产品仅限当地人采摘，不是当地人很难吃到。山高水深，才出产了如此多的珍贵药材，比如榧子树，它的果实可以代替蛔虫药，还有白术，可以卖给药房作补药。妇女们在人迹罕至的大山里挖山野菜，不知不觉越走越深，常常需要找个地方靠着休息一下，唱一小段歌，做一次深呼吸。

采丹枫草时不砍断草茎，一般连根拔起。对当地人来说，吃拌丹枫草比吃米饭还多，妇女们一吃便红了眼眶。到了丹枫草疯长的春天，每每看到丹枫草，就会想起早逝的老公，想起老公就想要唱歌，就要叹气、掉眼泪。逝者已矣，生者如斯，只任情绪像丹枫草一样恣意生长。

● 偏僻小山村斗垈洞

智异山的七仙溪谷、拿山耽罗溪谷和雪岳山天佛洞并称韩国三大溪谷，在这里可以充分感受到溪谷的雄壮。七仙溪谷内侧有一处十分隐蔽的小村子，名叫"斗垈洞"，生活着五户人家，位于海拔 850 米的智异山深处。要去斗垈洞，没有公共汽车，只能自己开车，一路颠簸，所以到这里来的一般只有当地人。

　　越深入大山，草药和山野菜之间的界限越加模糊。老祖先在山上采摘四处可见的山野菜，填饱肚子，也用来防病治病。对他们来说，深山就是药房。智异山的草药多得不可计数，其中有濒临绝种的刺五加，比智异山刺五加药效更佳的野生刺五

智异山斗垈洞

加已经全面禁止滥采。在斗岱洞，连野生花都是山野菜。将春日盛开的锦囊花茎稍微烫熟，拌上酸甜的调味汁，就是一道佳肴。将熊蔬在酱油里浸泡腌制，大夏天吃不下饭时，当地人用凉水泡饭吃，再加一片酱油腌熊蔬就够了。

当地有 50 多种山野菜，既能当菜，又能做草药，采集起来还可以煮成药草茶。想要一一辨析种类繁多的草药，非常不易，但一一了解后令人颇有成就感。喝一口热乎乎的药草茶，像是喝下春天的大自然，撇开味道不说，仿佛在与一个个生机勃勃的生命对话。除了清爽可口，更有一种不可言喻的感觉，充盈口中，口颊生香。

山野菜在春天生长，又重归土里，这短暂的生命到了人们手中，仿佛暂缓了生命的循环。

山野菜，手味盖过原味

地球上，很少有像韩民族一样吃这么多种草的民族。草的营养成分不高，吃很多的草其实意味着食物的匮乏。虽然韩国人总爱说朝鲜半岛是"锦绣河山"，事实上这是一片只能靠吃树根、挖草皮来活命的贫瘠土地。这点无可否认。

朝鲜半岛的夏天梅雨绵绵，冬天酷寒。人们嘴里的"草"分成青菜和山野菜，不煮熟也能吃的是青菜，熟了才能吃的是山野菜。煮山野菜首先要将它的青草味降至最低，这就少不了又是煮又是晾干的过程。经过一番加工，草会散发出丁点儿甜味，但单靠这股甜味还不好吃，要再加入盐、酱油、大酱、麻油等调味料才行。总的来说，山野菜是将不太能吃的大自然产物变成能吃的东西。

山野菜中，比起自然的原味，手艺更重要，也是这个原因。

闻庆之餐

——千年的山路，千年的餐桌

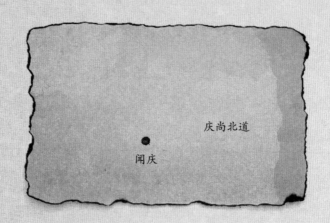

庆尚北道

闻庆

●

闻庆的文化因山而生。
离别的山路涌动着说不清的情愫，
朋友翻过山越过岭，
搭火车奔向城市，
留下带着余温的回忆。

在山路挥手，在山路等待。
留下远行人沉重的脚步，
和送行人不舍的目送和等候，
还有讲不尽的饮食故事。
平凡无奇的食物翻过山岭，
绝不平庸。

闻庆餐沿着山路，
顺应着自然和时代的变化，
融入无尽的等候，
写下无限的思念。

●

● 闻庆沿着山路任岁月流淌

闻庆苹果很有名，看着苹果从大枣般的大小，长到拳头那么大的时候，闻庆山的秋天就到了。这里沟壑纵横的崇山峻岭都属于白头大干山脉。

闻庆有许多古老的山，将当地文化称为"山路文化"也不为过。山上弯弯曲曲的小路，不知是多少人在漫长岁月里来来回回踏成的。从庆尚道通往汉阳都城要经过秋风岭、竹岭和闻庆鸟岭。鸟岭是闻庆最有名的山，形成于朝鲜时代。有人说是因为沿路有三个关门而得名[1]，也有说法是因鸟岭十分险峻，连鸟都飞不过去而得名。

闻庆鸟岭一直没修沥青路，得以维持古风。据说"闻庆"是"听闻喜庆之事"的意思。因为山路陡峭，治安特别好，尤受科考生和行脚商的青睐。古代从庆尚道去一趟汉阳，得走上千里路，走闻庆鸟岭比走秋风岭和竹岭能早到一两天。如今，山路变了，来往的人随之变化，餐桌自然也不同于以往。

闻庆山多，大米十分珍贵，当地一般不吃大米饭，而吃凉粉小米饭。朝鲜时代全韩国广种橡树，以避饥荒，缺少水田的闻庆地区每座山头上都有许多橡树。

当地一对年近六十的姐妹，回忆起小时候吃过的凉粉小米饭。碾碎橡子以往只能靠石磨，现在用搅拌机一下就能打好。打得细碎的橡子加水放到锅里煮，不停搅拌才不会烧焦，过程十分辛苦。木勺用了五十多年，头都磨平了，一直是姐姐掌勺，她不愿意交给爱耍小聪明的妹妹，这可不是耍小聪明就能做好的东西。不一会儿，橡子水咕噜噜地冒出气泡，像是叹

---

[1] 韩语中"三"与"鸟"谐音。

起了气，熬到木勺可以在锅中直立，浓度刚好。再用文火煨一个小时，接着把橡子凉粉装进方形容器里，等待凝固就可以了。橡子淀粉中含有直链淀粉（amylose）成分，凉得刚好的凉粉弹性十足，扔到墙上也不会碎。不过橡子凉粉黏性大，不易切开，硬切下去卖相不佳。

做好凉粉，便开始准备小米饭。小孩子都不喜欢吃小米饭，其实小米比大米的铁元素高十倍，抗氧化物质多，能让内脏和皮肤恢复年轻。凉粉小米饭是在橡子凉粉中加入小米饭，再倒入调味酱一起拌着吃。各家吃法不太一样，有的还会放入腌透的泡菜。以往在闻庆再普通不过的凉粉小米饭，现在倒成

古色古香的闻庆

了一道独特的风味。不过小米饭比大米饭粗糙，用生菜包着更好吞。当年幼小的姐妹已年近花甲，其间餐桌的改变可想而知。

● 梨花岭的矿工腌菜

梨花岭是日本帝国主义为掠夺韩国物资而开辟的一条山道，比鸟岭和天岭的路更宽。如今，当年陡峭的山岭被笔直的高速路取而代之。究竟是路随岁月而变，还是岁月随路而变呢？

闻庆的山文化随着炭矿的引进而消失。闻庆是庆尚北道规模最大的炭矿，来源于白头大干山脉的黑色"遗产"，开矿后，运输煤炭的铁路取代了山路。如今，炭矿已经不在，但路并不那么容易消失，运输煤炭的铁路成了闻庆的另一个旅游资源。

闻庆共有26处废炭矿和隧道。二十年过去了，木头虽已腐烂，但几乎没有坍塌的地方，矿洞里十分凉爽，温度通常维持在11℃左右，用途很广，四季常温的洞内正好适合熟成腌菜。当地矿工打小上山，没什么山野菜不认识，便利用这个条件来做腌菜。

看似朴素却丰盛的闻庆餐桌

● 闻庆药石猪

　　闻庆的炭矿产业一度十分发达，因此格外需要能排出身体废物的猪肉。闻庆猪肉的名字都不一样，称为"药石猪"。当地猪吃的饲料中混入5%的"药石"，这是金刚山和闻庆才有的矿物。药石猪肉免疫力强，富含不饱和脂肪酸，凉了之后猪油也不凝固。药石中含有火山熔浆爆发时的主要成分，动物摄取后有助于血液循环，所以肉质紧实，味道特别好。

　　闻庆人特别喜欢吃猪脚，肥瘦相间，还有肉皮。铺一层厚厚的花椒叶，放上猪脚肉，再放入盐和大酱做成花椒水煮

岁月变迁中，闻庆也有了高速公路

肉。当地人还吃"足肉酱汤",一般韩国人吃泡菜酱汤都放猪颈肉,但这里放猪脚肉。不知是不是因为炭矿盛行所以爱吃肥肉,或是更早以前就开始了。也许,三寸舌头感受食物时靠的不是味蕾,而是记忆。口味似乎易变,却又无法改变。漫长岁月的历史在餐桌上沉淀,随着口味一路追溯,不经意间便遇上了过去。

●　　川蜷螺餐

山泉沿闻庆陡坡流下,汇成小溪,又汇入江河,入江口生活着川蜷螺。川蜷螺有益肝脏健康,能治疗贫血,在民间广泛使用。它的氨基酸含量是马铃薯的四倍之多,还有人体必需氨基酸天冬酰胺酶,能显著缓解宿醉。豆芽和川蜷螺向来是韩国人餐桌上常见的解酒菜。

临近产卵期的川蜷螺最美味。人们都爱用川蜷螺做菜。水里洗一洗,让它吐沙一天后直接煮好就能吃。很多当地人都依然记得小时候托着下巴,守在火前,趁妈妈不注意,偷吃一个

川蜷螺香甜美味,口感平和

酸酸甜甜的拌川蜷螺

川蜷螺的美味。

没东西吃的时候、穷困的时候，肥美的川蜷螺可做凉汤，也可凉拌，是非常重要的配菜。

● 天岭陶匠

沿着闻庆鸟岭再往上爬一点就可以来到天岭。天岭有超过千年的历史，早在鸟岭还未形成的朝鲜时代，也就是三国时代[①]起就有了，是当时岭南[②]人常去的地方。天岭沿路有许多地名叫作"某某窑"，因为这里有许多用传统方式烧陶瓷的窑。闻庆共有 23 处陶窑，其中的观音里是闻庆的第一个陶窑。走进一名陶匠家，宽敞的院子里整齐堆放着松木柴，看起来颇有情调，院子里还有不少等着烧头遍窑的器物。闻庆的窑别具特色，又称"土团窑"，窑体倾斜，下部烧火便可传热到上部，因此只需要少量木柴也能达到很高的温度。以前，附近的人都以烧陶瓷为生，开窑的日子一过，行脚商人背着货四处叫卖，远至原州，走天岭是最近的一条道。

世事多变，不变的是陶匠家女人的贤惠。以前她们既要拌泥土，还要做家事，可谓样样全能。每到陶窑点火的日子，女人们都要做面条。要填饱一家子这么多口人的肚子可不容易。她们像变魔术一样，把面团压得又宽又扁，一下子摊到直径一米以上的宽度，面条煮熟后放入白菜，就可以吃了。陶窑散发出松木柴味，夹杂着面粉味，飘散在陶匠家里。陶瓷与面条异

---

① 百济、新罗、高句丽三国鼎立时期。
② 鸟岭以南，庆尚南北道地区。

曲同工，在手中成形，在火中升华。

闻庆天岭上代代相传的陶匠家，讲述着面条和土团窑的故事。只要历史仍然延续，餐桌上兴许又会出现新的食物取代面条。

● 闻庆最古老的七星庵

闻庆山上有90座寺庙。据说三韩时代^①起，位于国界上的闻庆就纷争不断，于是建立了大批寺庙，免受战争侵扰。山路既带来了沟通，同时也是军家必争的要塞，当然少不了避难所。

寺庙中最古老的是七星庵，有着一千四百二十三年的历史。古建筑已荡然无存，现在看到的建筑重建于20世纪70年代，从这里依稀可见黄肠山半山腰上的虎庵村古址。独守寺庙的明钟和尚亲手制作食物供奉佛祖，也招待来访信徒，将当地餐饮文化延续至今。

韩国和尚做的八宝饭十分有名。八宝饭是源自三国时代的食物，颇费工夫。食材平淡无奇，但烹调方式独特，味道很有层次感，颇受信徒好评。明钟和尚做的八宝饭除了加入干果，还有香菇碎末。旺火煮熟米饭，冒热气时用中火蒸上十五分钟。接着，将香菇、藿香叶、花椒叶等拌上葛根液大酱，在铁盘上烤成酱煎饼。萝卜也用酱料烤好，这里所用的萝卜很有特色，是萝卜田里收成后漏掉的萝卜。它们在冬天冻上又化冻，反复几次，产生了耐嚼的口感，加上辣椒酱来吃，很有嚼劲，比香菇还好吃。

---

① 高句丽、新罗、百济的三国时代之前。

黄桥益的味觉专栏

川蜷螺，无味的清爽

螺类带有蛋白质的甜味，又来自大海，带着海水的芳香，味道浓郁。

川蜷螺属于螺类，却生活在清澈的淡水中，虽有甜味，但淡水的气味比海水模糊得多，所以吃起来清淡，还带了点清幽的苦味。单吃川蜷螺，肉汁、肉味都略显不足，所以一般煮汤喝。

给它加分的最好方法就是大酱。单凭大酱，就能做成咸味适中的美味菜肴，再加一种蔬菜，增添甜味和爽口就更好，一般用韭菜，或茖莶菜也行。

寡味的川蜷螺汤加上大酱和蔬菜，味道不受影响，反而变得浓烈。大酱和蔬菜为川蜷螺增添了类似于大海味道的香气。也许川蜷螺也想随着江水流淌至大海生活呢。

冷面

——爽口的夏日风味

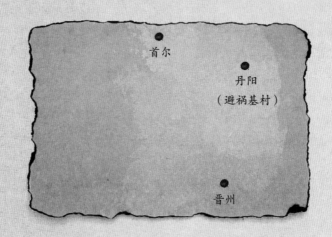

首尔

丹阳
（避祸基村）

晋州

漫长的梅雨让人厌烦，
酷暑降临，食欲大减时，
又想念起滂沱的雨柱。
幸而有冷面，
如盛夏阵雨般畅快身心，
找回被炎热逼跑的胃口。

冬夜辗转难眠时的一碗冷面，
勾起失乡民深深的回忆，
与老乡念叨着故乡，
鼓起建立新家园的勇气。

冷面诞生于家里的酱菜缸，
又在陌生土地上定居，
那是来自母亲的味道，
延续着历史，
镌刻着深深的岁月痕迹。

● 时代变化带来冷面的变化

失乡民一致认为大冬天在暖炕房里吃冷面最好吃。当然，冷面并不是非得冬天吃才好吃，而是对他们来说，冬天吃的冷面带着和亲人同享的美好回忆。1900 年巴黎万国博览会上首次亮相的冰箱，让冬天才能吃到的冷面，成为夏天的风味。冷藏设备的发展让我们在炎夏也能轻易得到冰冻汤水。

20 世纪 30 年代的韩国报纸证明了当时冷面的火爆程度，常有报道称，午餐时间冷面店的电话都被打爆了。当时一碗冷面要 15 韩元，而一石米才 60 韩元，所以价格不算便宜。在当代文学作品中以冷面为主题的小说、散文、随笔不计其数，可见大众对冷面的喜爱。

那时，冷面用萝卜泡菜汤做汤头，再加一滴麻油就够，要是客人嫌太淡，就再撒点辣椒粉。如今的冷面店都会提供芥子和醋作为调料，这是岁月变迁才出现的变化。冷面用的是荞麦面，荞麦易受空气或气温的影响，所以一磨成粉就需要浇冰水，要尽快揉成面团，以避免手温影响荞麦的香味。冰水揉成的面团久置也不易变质，而且做出来的面条更有弹性。现在做冷面虽然容易多了，但同样离不开细心和精心。现在的液压式机器，使厨房里不再紧张兮兮，但愿意挽起袖子学做冷面的人却越来越少。也许未来，一天销出一万碗冷面的业绩将成为传说。

● 山中风味平安道式荞麦冷面

远离城市喧嚣，沿江一路来到小白山，缓缓的溪流，悠悠的白云，时间仿佛静止，内心也不自觉地平静下来。据说当地山谷曾生活着许多逃避战乱的人们，后来人们追求文明的便利纷纷离开了此地，只剩下几个人留守。这里是朝鲜平安道人南下定居的地方，几十年来，他们用惯了手边的家什，习惯了脚下的土地，相守相依间日久生情。

山村的一天看似流淌缓慢，80岁的人生却一眨眼就过去了，村里一位皱纹满面的老奶奶转着石磨在磨荞麦。现在不愁吃了，反而怀念起从前的吃食，好在手艺不老，仍然停留在指尖。当年山上只有粗糙的谷物，全都用来碾粉和面，做成面条。谷物面不管搭配什么汤头都风味不减，村民一年四季都吃面条。

在这个海拔700米的小村子里，处处可见岁月的痕迹，村民们几乎不扔东西。人老了，家什都上了年纪，村子也老了。老奶奶嫁过来时，她的公公刚做了一个压面筒，让她学着用压面筒做面条。底部有着密密小孔的压面筒沿用至今，仍然无法取代。荞麦黏度低，要边压面条边下锅煮，面条才不会断掉，这样做成的面条特别软。与事事追求速度和便利的当今社会相比，避难村的时间过得悠然缓慢。如柴火般慢慢燃烧的岁月中，谁是避难而来，谁是嫁过来的，已无法区分。全村人一起

公公做的压面筒沿用至今

平安道式荞麦冷面

干农活，要是抓到一只山野鸡，全村都喜气洋洋的，一般有喜事才吃得上鸡肉汤面。鸡肉切成细条，加上黄瓜凉汤、水萝卜泡菜汤，刚好做成一锅荞麦面条，大家一起吃，分量刚好。这是地道的平安道式荞麦面，能驱赶夏日炎热，又能度过漫长冬夜，这是来自故乡的美食。

● 平壤冷面

　　冷面和失乡民在韩国定居的历史渊源很深。朝鲜战争爆发后，失乡民在韩国开了大大小小的冷面店，平壤冷面正式在韩国推广开来。当时，韩国人在外头吃面一般吃炸酱面，而平壤冷面开创了首尔餐饮业的新历史。当时一碗平壤冷面售价20韩元，坐电车才2.5韩元，价格并不便宜，不过冷萝卜水泡菜汤的爽口清淡，加上萝卜块泡菜的美味，让节俭出名的首尔人也毫不犹豫地打开钱包。冷面能在异乡站稳脚跟，腌冷萝卜水泡菜的瓮立下了汗马功劳。刚开始平壤冷面多用冷萝卜水泡菜汤，偶尔放入煮牛肉片剩下的肉汤后，反响出乎意料的好，后

代代相传的平壤冷面店　　　　冷萝卜水泡菜汤十分重要的平壤
　　　　　　　　　　　　　　　冷面

来逐渐成为定式，冷面汤就是肉汤加冷萝卜水泡菜汤。再后来，夏天卖的荞麦面里又加入淀粉，以增添面条黏度。这只是在面和汤里稍加技巧，就像在故乡吃的冷面上加摆菜码一样，冷面的美味依旧如一，仍是坐在热炕上吃到的古早味。

● 咸兴冷面

口味不同，手艺不一，冷面维持旧貌的同时，也谱写着新的篇章，咸兴冷面就是一个典型的例子。咸兴冷面原本是用随处可见的马铃薯淀粉和成面团做成的，但朝鲜战争时首尔马铃薯很稀有，马铃薯淀粉由地瓜粉取代，成为咸兴冷面的新传统，这用地瓜粉做成筋道面条的习惯延续至今。

承载着回忆的咸兴冷面

传统的咸兴冷面上码着不油不腻的腌明太鱼生鱼片，也有放腌鳐鱼生鱼片的，不过咸兴人认为鳐鱼是配饭的家常菜，明太鱼才能用来招待贵客，所以端上宴席的冷面上不放鳐鱼，而放明太鱼。两种生鱼片食材不同，但做法类似，都是用醋腌过后加辣椒粉调味料拌匀。口感筋道的面条，摆上腌生鱼片，再拌进口感刺激的辣椒粉调味料，可以拌冷面来吃，也可以倒入冷汤作汤面来吃。朝鲜战争后，咸兴冷面在异乡继续延续命脉，以首尔五壮洞为中心开了许多面店，吸引了大批饕客。几个店家开创先河，不放拌生鱼片，而是放入牛肉片。荞麦面条筋道，不好咬断，冷面店于是出现剪刀上桌供客人剪面条的新景象。得益于美味的酱料，咸兴冷面迅速风靡韩国，风头赶超平壤冷面。

● 　晋州冷面

　　筋面算是韩国面条的老幺，说起来也算是冷面衍生出来的食物。三十年前，仁川一家制面工厂做冷面时，不小心做出了粗面条，首创了筋面。冷面的历史中有很多不为人知的小故事。有创新，自然也有消亡，有的冷面一度面临消失的危机，它便是晋州冷面。

　　论及冷面的美味，自古便有"北平壤南晋州"的说法。两个城市的教坊文化非常发达，是北部和南部两个最具风流的城市，这样的地方离不开冷面，因为喝完酒的第二天，冷面是解酒的首选。晋州宫廷舞流传至今，现在是庆尚南道的非物质文化遗产之一。晋州的教坊餐和教坊文化一起蓬勃发展，专为中央政府的官吏下访而准备，属于宴席餐，十分丰盛，但又不同于普通的韩正餐，主要由爽口的下酒菜组成，独具特色。晋州宴席上的每一道菜都讲究仁义礼智信五行，搭配美丽的五方色，色泽亮丽，赏心悦目。五色代表五脏，全部吃下利于五脏。教坊餐受到晋州艺人的喜爱，其中最后一道风味就是晋州冷面。

晋州冷面烹饪过程非常复杂，因此继承手艺的人不多。其他地方的冷面一般用骨汤做汤头，晋州冷面用的是海鲜汤，熬起来相当不易。各种食材需要熬煮的时间不一，单单熬汤头就要等上整整三天。熬得差不多了，拿一块加热过的铁块放进汤里，过一会儿再取出，反复几次，这是临海而居的庆尚道人口口相传的老办法，据说能融化海鲜的渣滓，去除鱼腥味。熬汤需要很大的毅力，做好后再置于常温状态下15天，不断捞出杂质，熟成之后才能端上宴席的餐桌。

因为是给两班贵族吃的东西，晋州冷面总共要放上9种菜码。先放上煎牛肉片和卷成花的酸泡菜，再遵照五方色，放上黄瓜、梨子、蛋黄丝、鲍鱼、海参、黑木耳，美如画卷，华丽程度让人惊叹，接着再浇上风味独特的海鲜汤，让客人第二次惊艳。丰富的菜码搭配柔软的荞麦面，加上清爽的海鲜汤，吃起来畅快淋漓，还有利于解腻和消除宿醉。

● 釜山小麦面

釜山如今是名扬海外的"电影之都"，这里曾经是一个典型的难民城，40万人口暴涨至200万。在这种情况下，釜山开始出现许多填饱难民肚子的新食物，其中最具代表性的是小麦面。

　　小麦面是用小麦粉做成的冷面，看起来和一般冷面没什么不同。釜山祖传的小麦面店十分常见，比荞麦冷面更受欢迎。釜山人口味较重，所以汤头比较浓厚，将牛腩油和姜一起熬汤，再加上盐和酱油以 1:1 的比例混合来调味。熬好的汤头倒进荞麦面里，就成了荞麦冷面，倒进小麦面里，就成了小麦冷面。两种冷面味道的差别正在于面团。小麦面的面团是小麦粉和淀粉以 2:1 的比例混合而成的，比荞麦加淀粉的面团更筋道，口感也不一样。

　　冷面一般选用当地最常见的食材，小麦面的出现也是如此。驻扎釜山的美军为当地供给小麦粉，小麦粉取代了荞麦，成为冷面的食材。最早这里只有一家小麦面店，价格比冷面便宜得多，人们逐渐接受并爱上了这种筋道的口感，20 世纪 70 年代后期，小麦面在整个釜山扩散开来，势头盖过荞麦冷面，成为当地代表性的夏日美食，受到釜山人的喜爱。小麦冷面文化让风靡韩国的冷面在釜山也坐稳了一席之地，体现了冷面演变中符合社会经济条件的本土化特性。

酱料丰盛的釜山小麦面

釜山的小麦面餐

● 　寺庙冷面

　　每到蒸笼般火热的季节，普通人家一般会吃参鸡汤或泥鳅鱼汤来抵抗炎热，但寺庙斋饭几乎和平常没什么两样，只有伏天，会做面条作为特别的食物，为和尚补充缺乏的蛋白质。韩国最早做面条、吃面条的人就是和尚。他们平时摄取的蛋白质量很少，于是利用小麦粉的谷氨酰胺容易结块的特性，做面条来吃。寺庙里做冷面的方法和普通人家有显著的不同。甜味用水果替代，并加入当季蔬菜来补充水分，一般放入大量的切成丝的黄瓜。治疗夏天中暑最有效的就是老黄瓜，它水分含量高，钙和纤维质多，有助于解渴。它爽脆的口感可以用来凉拌、生吃，或腌，吃法多样，是寺庙里常吃的东西。花椒叶切

寺庙的夏日面条

丝放在深幽的萝卜泡菜汤里，用来做汤冷面，菜码是萝卜和腌好的老黄瓜，简单朴素。这是和尚发挥智慧来抵御酷暑的方式，夏天流汗，需要补充蛋白质，便从荞麦和小麦中获取。胃口不好时便喝粥，和尚的生活看似清苦，其实是相当节制地维持着健康。

寺庙的冷面，不追求舌尖的享受，而是为了打气而吃。调味料减至最低，尽量体现出食材本身的味道和营养，也是一种智慧。

黄桥益的味觉专栏

冷面, 荞麦与汤的融合

荞麦有种香味。

用荞麦做成面条, 加上美味的肉汤、酸酸的泡菜和甜爽的梨子, 就成了冷面。不过, 冷面最重要的味道是荞麦, 第二是肉汤, 其他菜码并不那么重要。

吃冷面时, 得先吃一口面条。荞麦的含量和质感决定了味道千差万别。一开始就把面条拌进汤里, 就无法辨清面条的味道。先吃一口面条, 再喝一口汤, 最后才把面条在汤里拌开。冷面里最好别放醋和芥子。以前肉的品质不佳, 放醋和芥子是为了消除汤里的膻味, 现在放醋和芥子反而影响了味道。

一碗做得到位的冷面, 单靠面条和汤就足够美味了。

当你用心感受这样的味道时, 便会明白为什么如此单调的面条却会让人沉溺其中无法自拔。

安义牛肋排

——有骨气的味道

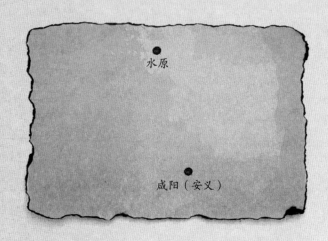

水原

咸阳（安义）

牛肋排坚守传统的固执。
跟牛一样，
沉默地向人类倾其所有。

牛肋排固守着韩国人的餐桌
是特别日子里的特别美食。
在唾手可得的如今，
记忆中的美味反而难寻。

从贵族饮食到平民食物，
那深邃的味道，
不仅来自优质的肉，
还源自古人的生活和用心。

● 咸阳牛肋排

咸阳自古就是交通要道，重峦叠嶂，山路交会，无数科举考生和商贩往来于此。内陆地区和南部海岸地区的人进行物物交换，必经智异山，最先遇到的交通要道便是咸阳。咸阳不仅人潮如海，牛也熙来攘往。盛夏时分，智异山梯田上长成的一根根玉米，是顶好的牛饲料，相当于人吃的补药，营养成分比草高得多，给牛喂玉米就不需要放其他饲料了。

当地农民在智异山山脚下放牧养牛的历史悠久。每个月的2日和7日是咸阳牛市开市的日子，一大早咸阳的畜产农家以及附近的居昌、山清、南原地区的农民都把牛赶到牛市上，可谓"牛山牛海"。卖牛的、买牛的，人声喧哗，再加上牛嘶声，非常热闹。

买家看牛，先浑身打量一番，又让牛张张嘴，再三思考后看定，接着就和卖牛人正式展开"拉锯战"了。卖牛人想要卖出个好价钱可不容易，口蹄疫影响犹存，牛价大不如前。交易结束后，卖牛人好半天挪不开脚步，舍不得离开亲手养大的牛，牛与人之间已如家人般感情深厚。

韩国人从什么时候开始吃牛肋排的呢？朝鲜半岛引进牛要追溯到几千年前，兴许牛肋排的历史也同样久远。

高丽末年，译官的中文会话教材《老乞大》中就出现了与牛肋排相关的句子——"买一斤牛肉，带肋排的比肥的好"，看来从高丽时代起，高丽人就认为牛肋排是牛的最佳部位。当时，牛肋排并不常吃，但喜庆或祭祀等特别的日子里一定会出现，可见韩国人十分喜爱牛肋排。其实牛是劳动工具，实用性重于食用性，《朝鲜王朝实录》记载，朝鲜时代朝廷曾制定

《禁杀都监》，规定杀牛犯法，对牛进行严格管控。不过强制性规定也未能影响韩国人爱吃牛肉的习惯，文人相聚，常烤肉吃，当时办"暖炉会"的风俗十分盛行。

● 池谷面文人和牛肋排

庆尚南道咸阳郡的池谷面有一座南道地区典型的贵族家屋，这里是朝鲜时代程朱理学家郑汝昌的古宅。单从影壁门、忠臣牌和孝子牌便可以看出这是一个很有渊源的书香门第，郑家子孙至今生活在这里。鼎盛时期，许多文人登门与郑家人讨论学问，整个屋子被挤得水泄不通，当时女主人用来迎接贵客的拿手菜就是炖牛肋排。

【炖牛肋排】

先在肉里放入大葱、大蒜、辣椒，再加入碾过的梨子，让牛肉变软。接着用各种调味料和传统酱油调味，还要倒入祖传的用智异山松树泡成的五百年松酒。郑家使用的调味料极其清淡。牛肋排在酱料中浸渍一整天后，倒入高汤漫过，以文火慢炖。最后放入多种干果、蘑菇和切

咸阳牛市

健硕的牛

成圆球状的蔬菜，做成菜码。炖牛肋排是这个书香门第的家常菜，需要投入大量的时间和用心，算得上是正宗的"慢饮食"。

【牛肉煎饼】

把牛肉切成薄片腌透，刻花刀后轻敲，接着裹上面粉和蛋液再拿去煎，面粉一定要抹匀才不会烧焦。牛肉煎饼本来是祭祀用的食物，但在一年超过 12 次祭祀的宗家，逐渐演变成待客的食物。

●   讲述牛肋排传说的安义牛肋排

咸阳与牛有着不解之缘。这里有一块不同寻常的石碑，传说是王为身份最低贱的屠夫赐御的孝子碑。一个穷书生为了养活瞎眼的母亲，自愿降身份为屠夫，而且不领工钱，只要求收工

池谷面的贵族宅邸

后带牛肝回家用以侍奉母亲。过了一千日，一场大雨导致书生无法渡江。他正一筹莫展时，江面突然破开一条道，让他平安渡江。而他给母亲吃了牛肝后，母亲竟然奇迹般地睁开了眼睛。

流传"孝子屠夫"传说的正是安义面，这里过去曾是岭南地区的中心城市，曾经的牛市比咸阳的还大，可惜如今已经消失了。不过，当地人仍然热爱牛肋排，视之为特别的食物。上了年纪的人仍记得牛市附近的汤饭店里有位手艺超好的老奶奶，她的牛肋排汤配料丰盛又美味，吃过难忘。

牛肋排分公母，烹饪法也不同。母牛肋排油分比较高，口感更柔软，一般用于煮汤，公牛的肉较多，适合蒸食。

【安义牛肋排】

这道菜的特色在于单单放入韩牛牛肋排，其他骨肉完全不放，因此汤色不白，反而很清。透明的汤水不油不腻，清爽可口。饥饿的年代，热滚滚的汤喂饱了空荡荡的肚子，配一口耐嚼的牛肋排肉，填补了空虚的心灵。

【安义炖牛肋排】

一般炖牛肋排会放入大量酱油调味料，但安义炖牛肋排不同，味道很清淡。不是放调味料一起煮，而是炖好牛肋排后，放入各种切好的蔬菜，再浇上调味料稍微收汁。安义炖牛肋排算是一般炖牛肋排和牛肉汤锅的中间形态，吃起来能够品尝到牛肋排本身特有的美味，而不是甜中带咸的调料味。

● 　雪夜炙

古书《海东竹枝》中提到开城地区文人间非常流行的

"雪夜炙"，还记录了一段有趣的故事。当地文人利用牛肋排或牛心脏的油作为调味来烤。先拿牛肋排用油、大葱和大蒜调味来烤，烤到一半熟，放入凉水中，再用很旺的炭火再烤一次，烤熟一半，再放到冷水里冷却。这样做好的烤肉，肉质十分柔软，味道很好。如果是在冬天，就不用冷水冷却，而是把肉扔到雪地里再拿来烤，因而得名"雪夜炙"。

● 牛肋排味道的秘诀，"发骨"

所谓"发骨"，即分离牛骨和牛肉，按部位切开。一头牛先分成四等份，接着进入正式的步骤，以直刀按部位将牛切成十块。骨肉分离，但不能出现伤口，这属于高难度作业，不仅刀要锋利，更需要准确度，是韩国一项传统专业技术。如果不小心切错，就会造成很大的损失。牛肉分瘦肉、脂肪和骨头，带肉的牛骨或带肉的脂肪与完美切好的牛肉相比，价格可谓天壤之别。一头牛切得好不好，价格差距高达两三人的人工费。尤其牛肋排属于高级部位，不能有一寸的误差，可见发骨技术的要求很高。

安义牛肋排水煮肉

安义炖牛肋排

牛肋排肉的表面像是洒了白颜料般，绽放着美丽的白花。其中，像冰块一样圆形的组织是脂肪，像线一样的部分是蛋白质，两种成分相融合，形成牛肋排独特的口感和美味。肋骨边的肉不仅营养丰富，还是最有口感的部位。据说十三根肋骨中，第五、六、七根最为美味，这里牛肉表面的雪花纹最出色，骨边肉也比其他地方多得多。

● 水原牛肋排

炖牛肋排很费工夫，属于贵族食物，现烤现吃的烤牛肋排更受到平民百姓的欢迎。牛市小酒馆里卖的就是广受欢迎的烤牛肋排，随着岁月流逝，俨然成为水原地区的代表食物。水原式烤牛肋排既好看，又好吃，香气四溢，烤起来还有吱吱啦啦的声音，给食客带来眼耳口鼻的全方位享受。

朝鲜时代第22代王正祖李祘经常起驾去水原，他的父亲"思悼世子"李愃正葬于此地，李祘在当地兴建起华城，建城时从整个朝鲜半岛征集人力和牛，于是华城自然而然形成了朝

为了得到上好的肉，发骨技术很重要

发骨后干净的牛肉

鲜国最大的牛市——水原牛市。在这里，烤牛肉不再是奢侈，水原地区发展出与众不同的牛肋排饮食文化。

曾经奢侈的牛肋排能够推广开来，秘诀就在"斧子"。牛排原本是整副一起卖，价格不菲，用斧头砍成单份分开卖，这样一来，不宽裕的百姓也吃得起牛肋排了。

摆脱日本殖民统治后，水原八达门牛市附近一家汤饭店在解肠汤里放入拳头大小的牛肋排，个头特别大，被称为"王牛肋排"，广受欢迎，名声大噪。大块头牛肋排逐渐演变成如今调味腌制的水原式烤牛肋排。

水原牛肋排的最大特色在于被称为"王牛肋排"，而且是用盐来调味。关于"王牛肋排"的名头说法不一，有人认为是因为块头大而称"王"，也有人认为是因为上过御膳而美名为"王"。盐肋排的特色在于只放盐来调味，不放酱油及其他咸味的调味料。首先准备好盐、大葱等配料，把盐碾得细碎后加入胡椒和糖，调成基本调味料。颗粒状的盐撒到牛肉上，以保证牛肋排表面的肉汁不流失，也为牛肉增添耐嚼的口感。

将牛肉在牛排骨两边铺开，亦称"两牛肋排"或"王牛肋排"

黄桥益的味觉专栏

牛肋排，骨边肉

"骨边肉最好吃"实际上意味着"肉要嚼着吃才好吃"。这算是韩民族的特殊癖好，肉嚼得越久越觉得香。牛肋排是韩国人公认牛身上最好吃的部位，也源于这种癖好。近来人们的口味改变，开始认为肉质柔软的才好吃，喜欢牛肋排的程度渐不如前。

牛肋排的肉很耐嚼。它的组织较厚，想要烤熟最好先切出菱形的刀花，还要放进酱油调味料中熟成才能入味。熟成后的肉拿来烤，要是火力不够，肉汁流失，便会发硬。要用牛肋排做成弹性刚好的柔软食物，最好的方法是拿去炖。西方也有炖牛肋排的传统，都需要耗费大量时间，这一点与东方菜相通。

炖牛肋排的肉质柔软。一入口便能感受到丰富的肉汁，仿佛融于口中。能够拿来炖，也正因为它是骨头边的肉。

时代的味道

所谓健康食品，
不仅仅是有机食材和健康食谱，
更重要的是回顾烹饪最初的
精神和故事。

费时费力地追赶流行，
不如追寻大地、海洋、山川中的智慧，
谱写新的历史。
餐桌的故事，抚慰心情，喂饱灵魂。

统营牡蛎

——蚝城统营绽放的艺术之花

庆尚南道

统营

●

一方菜养一方人，
艺术情感丰富浓烈的统营，
透过当地食物，
窥探艺术家的童年时光。

穷困年代，向统营人敞开胸怀的大海，
和心怀感恩享受海产的统营人，
共同造就了当地的饮食文化。
统营的餐桌不仅为果腹，
更为养育心灵。
在平凡生活中，
奏一曲交响曲，
吟一段诗，
写一篇小说。

●

● 蚝城化身艺术城

统营近海流淌着日本暖流，因牡蛎闻名，得到"蚝城"的美称。在这座城市，牡蛎太过寻常，以至于要找一家专做牡蛎的餐厅反倒不易。统营以海鲜著称，除牡蛎外，还盛产鳗鱼、鳀鱼、海鞘、河豚等，当地竟然专门设立了七个"水产协会"。统营还有斗笠、螺钿、风筝等手工艺品，韩国小说家朴景利、作曲家尹伊桑、诗人金春洙等著名艺术家都是统营人。究竟统营的餐桌是什么模样，能造就如此丰富的人文艺术资源呢？

韩国80%的养殖牡蛎在统营牡蛎水产协会拍卖场进行交易，每天两次，从这里运往韩国各地，端上家家户户的餐桌。牡蛎作为韩国家常菜的主要食材，大部分产自统营近海，当地牡蛎养殖基地超过3,000处之多，规模是首尔汝矣岛的两倍。

7月，把牡蛎种苗安在贝壳里，连成串后放进海水，让它们以浮游生物为食，在海水里自由生长，翌年7月便可收获。这种牡蛎虽然是养殖的，但不像其他鱼贝类一样以人工饲料为主食。牡蛎养殖业已有五十年的历史，刚开始，捞贝壳、摘牡蛎等全靠手工，十分辛苦。直到20世纪80年代，人们还普遍认为养殖牡蛎是以饲料为食，对当地人来说，这种成见比牡蛎销量不佳更令人难以忍受。现在这种成见已逐渐消除。

1908年，统营闲山岛成立"渔民组合"，它是韩国现代水产协会的前身。彼时，统营地区现代水产业蓄势待发，海鲜种类丰富，蕴涵着大海的勃勃生机，从小吃着当地海产长大的人中出现了诗人刘致环等多位艺术家。这里的每一道菜肴都充满海味，带着浓浓的统营气息，对艺术家来说，这些食物便是一门关于和谐的学问。一日三餐享受菜肴的融合，他们的确很有福气。

统营为什么会涌现出这么多艺术家呢？从历史上来看，统营古称"三道水军统制营"，由李舜臣将军统领。备战时期，他召来朝鲜国各地数一数二的匠人会集于此，其中有战争中需要的绘图人，还有制造各种兵器的手艺人。看似无休无止的战争结束后，一部分人被统营丰富的饮食吸引，留下来定居，他们身上的艺术基因得以在此地流传。

韩国有种说法，培养诗人八分靠风，那么成就统营艺术的八分力量恐怕是当地的食物。种类多样的海产和华丽的菜肴不断刺激着艺术情感丰富的年轻人，饱满的情感与现实生活交汇，时而化成一首诗，时而绘成一幅画，时而谱成一曲歌。统营海产丰富，每天都在出现新的饮食文化，从不曾停滞。在这样的环境中，艺术家必然会产生与众不同的艺术情感和灵感。

被称为东方那不勒斯的统营港口

统营的点点滴滴化为音符，奏成合音，响彻餐桌。

　　一起来探寻统营的餐桌上有哪些食物触动了他们的艺术情感。

● 　刘致环的家常菜

　　诗人刘致环，生长于 20 世纪初期。当时当地人爱用手指长的小红石斑鱼做成泡菜或鱼酱，把整条鱼放进萝卜泡菜里做成"红石斑鱼泡菜"。做泡菜的季节，先腌好萝卜，与红石斑鱼放在一起，能加速发酵，冬季泡菜熟成前就可以吃得上，里面的红石斑鱼特别美味，香气扑鼻。

　　刘致环不仅爱吃红石斑鱼，还爱吃鹿尾菜。鹿尾菜中的钙含量比牛奶高出十倍，有利生长发育，锌含量也很高，能预防脱发。统营的鹿尾菜品质佳，连口味挑剔的日本人都十分喜爱，进口统营鹿尾菜时绝无二话。煮沸水后，放些许盐，焯熟鹿尾菜，切成刚好入口的大小，再加点豆腐，为鹿尾菜补充缺乏的营养成分，最后加入麻油和鳀鱼酱油，适当搅拌，刘致环喜爱的"凉拌鹿尾菜"就做好了。

鹿尾菜，因形似鹿尾而得名　　　　回味绵长的平鲉泡菜

● 朴景利的家常菜

还有一位名人爱吃用红石斑鱼做的菜，她就是小说《土地》的作者朴景利，同样是一位统营出生的文人。虽然家境贫穷，但她的母亲做得一手好菜，用统营时令海鲜做出一道道美食。小时候吃过的家常菜给她带来了眼耳口鼻的享受，不仅渗进身体，更铭刻在心。她笔下小说中的感性也许正源于这些美味。

她特别爱吃"凉拌鲜裙带菜"。锅里放入炒蛤仁、鳀鱼酱油、淘米水，煮开后加入鲜海带拌好，便可享受到统营大海之味。

● 金春洙的家常菜

金春洙在散文中盛赞"防风菜"。这是一种在岩石间顶着海风生长的山野菜，不仅味美，更有益健康。统营人称它为"防风菜"，是因为它能防头痛和风湿，家家户户都用它入菜。

烹制"防风菜"时，蒸后调味比焯水更能体现它的风味。一边蒸防风菜，一边小心剔出毛蟹的蟹肉，切好海参，把蛤肉剁成泥并用麻油炒香。蒸十分钟后，加入鳀鱼酱油、海

 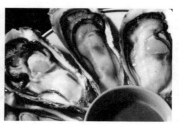

用统营当地食材制作的鳀鱼汤　　泛着奶色的统营牡蛎，色泽诱人

参、毛蟹肉和炒蛤肉，全部拌匀，就成为金春洙所说的一品料理——"防风汤平菜"。

● 金溶益的家常菜

金溶益是统营出身的另一位文人，名气不算太大，但他的小说《花鞋》曾列入诺贝尔文学奖候选名单，受到世界的肯定。他爱吃的统营菜是"统营拌饭"。

提到拌饭韩国人通常会想到全州拌饭，不过统营拌饭的名气并不亚于全州拌饭。它最大的特色在于食材，有调味萝卜、南瓜和各种海鲜。牡蛎、虾仁、蛤蜊、菜瓜用麻油炒香，这样一来食物中来自大海的咸香味愈加浓郁。加入淘米水，协调海鲜和山野菜的味道。再将蕨菜、豆芽、菠菜、鹿尾菜用鳀鱼酱油调味拌匀，拌饭的食材就备齐了。最后加一两勺豆腐汤代替辣椒酱拌进饭里。统营拌饭不放辣椒的话，还可以品尝到各种食材的原味。

统营拌饭搭配豆腐汤

统营的经典美味牡蛎酱

● 　牡蛎餐中的喜怒哀乐

　　统营海味浓郁的海鲜数不胜数，不过当地人特别喜爱牡蛎。如今人们普遍认为牡蛎是一种健康食品，其实它曾是非常管用的救济食品。每逢荒年，当地人便到海边挖牡蛎来填饱肚子，韩国甚至有"凶年挖牡蛎"的俗语。当地人还通过剥牡蛎在工作之余赚点外快。

　　挖牡蛎体力消耗极大，经验倒是其次。尽管戴着两三层手套，干得久了，还是会指尖冰凉，海水的寒气渗入体内，手的速度越来越慢。当地人称剥牡蛎壳为"剥身"，这个工作是按劳分配的，工人按工作量赚取日薪，他们用指尖记录着统营的冬天。

　　经过辛苦的"剥身"，牡蛎才能被端上餐桌。城里人提到牡蛎料理一般会想到牡蛎煎饼或牡蛎饭，但统营人不一样，当地自古流传的牡蛎料理是牡蛎酱。统营牡蛎十分新鲜，和其他食材拌在一起吃简直是糟蹋，加一点姜蒜和辣椒粉，温和芳香的牡蛎味与酸甜辣味融合，香气四溢。

　　统营人热爱大海赐予的食材，忠实原味，因此比起辣汤，更爱清汤。做牡蛎年糕清汤时，不放葱蒜之类的食材，只放牡蛎，也不加人工调味料，只加点韩式淡口酱油和盐，汤味爽口清淡。

　　新鲜牡蛎本身就能做一道菜，加上其他配料反而过犹不及。就像基础功够扎实，过于炫耀反而限制了实力发挥的道理一样，牡蛎不需任何调料，凭自身的味道便足具魅力。牡蛎美味的秘诀在于大海。当地人吃什么取决于大海在什么时节带来什么食材。一般人等不及，只好靠人工调味料试图还原自然的美味。

　　对统营人来说，牡蛎是过往的历史，是当下，也是即将迎来的明天。

　　对统营人来说，牡蛎是过往的历史，是当下，也是即将迎来的明天

吃牡蛎，吞下整片大海

把海水含在嘴里的话，其实有一种甜蜜的香味，它也许与海水中的盐分和多种矿物质并不相关，因为海水中提取的海盐并没有这种香味。

那么，香味也许来自浮游生物。浮游生物漂浮于海水中，肉眼看不见，但不断浮动着，散发香味。

牡蛎以浮游生物为食。它伸展触角，摄取海水中的浮游生物，塞进消化器官，一边消化，一边长肥，因此蕴含着甜蜜香浓的海香味。长成一只像样的牡蛎，需要数不胜数的浮游生物，其浓缩量可见一斑。

因此，吃下一只牡蛎，等于一口吃下了整片大海。

镇安雉鸡料理

——一千五百年的山珍美味

全罗北道

镇安

●

现代的雉鸡似乎只活在韩语的俗语里，
韩国的老祖先尤爱雉鸡。
充满智慧的雉鸡料理，
从宫廷御膳和位高权重的贵族家，
到穷乡僻壤的餐桌上，
不分贵贱，人人喜爱，
弥足珍贵。

时代变迁，生活变样，
餐桌也跟着变样。
融入了无限精诚与智慧的饮食文化，
手传口授流传千年，
现在轮到我们小心呵护
传承后人。

●

● 　镇安高原的猎鹰

　　镇安高原位于小白山脉和太白山脉的交会处，俯瞰着因地形得名的马耳山。马耳山被视为神山，涌出清澈的峰泉，汇成了蟾津江，如母乳般滋润着朝鲜半岛南部广阔的土地。人们向来认为，这个地方和平世界才能和平，故称此地为"镇安"。

　　惊蛰已过，山里的春天却还迟迟不肯来。这个季节，称霸山里的捕食者是猎鹰，它身形矫捷，眼神锐利，一旦有猎物出现在视线范围，便像离弦之箭一样振翅飞去，闪电般抓住猎物。古代韩国人鹰猎技术熟练。现如今，鹰是野生保护动物，抓或驯都是违法的，目前全韩国只指定了两人为非物质文化遗产继承人，有资格养鹰并打猎，延续鹰猎的命脉。鹰猎被指定为全罗北道的非物质文化遗产，也上了联合国教科文组织世界文化遗产的名录。

　　利用猎鹰抓雉鸡的打猎法始于三国时代，高句丽古坟壁画中武士的头上插着雉鸡翎毛，象征勇猛。朝鲜时代鹰猎盛行，全国有 42 处养鹰的鹰坊。在食物紧缺的年代，猎物不仅是填饱肚子的珍贵食物，也是餐桌上的风味。

　　猎鹰是"鸟中之王"，野生本能尚存，驯鹰人通过驯养能让它们听懂人话，着实令人惊叹。鹰猎盛行时，还有人偷猎鹰，韩语俗语中的"扯鹰牌"（装模作样）一词正源于此。猎鹰出去捕猎，又会响着铃铛声重新回到家里。它们身上挂着"鹰牌"，上面写着猎鹰主人的地址和名字。猎人逮住猎鹰后，有的会扯掉原来的鹰牌，换上自己的，占为己有。

　　抓雉鸡并非单靠猎鹰，还需要动用很多人。村子里的男人聚在一起开完碰头会才开始打猎，各人分派任务，有猎鹰的主人"养鹰人",有看网的"收网人",还有赶雉鸡的"赶鸡人"。赶鸡人敲打草丛，把雉鸡赶到有猎鹰的地方，找雉鸡时狗也很有用。趁着赶鸡人找雉鸡的工夫，养鹰人爬上山找好制高点，准备放飞猎鹰。赶鸡人把雉鸡从山下往上赶，身处高处的养鹰人放飞猎鹰，收网人找到猎鹰追赶雉鸡最后到达的位置。所有人默契合作，打猎才能成功。为了找雉鸡，村民常要翻越几座大山。当地人说抓一次雉鸡，能减掉三年增长的体重。不过抓雉鸡也不是随时都能进行，雨天、傍晚、大风天都不抓雉鸡。因为日落时，光线不足，看不准猎鹰的位置，大风天也不容易找到猎鹰。

猎鹰感受到有雉鸡，已然蠢蠢欲动。赶鸡人一边敲打草丛驱赶雉鸡，一边发出声音，给猎鹰发信号，看到雉鸡的猎鹰如猛虎飞扑而来。雉鸡用力拍打着翅膀，但被猎鹰抓住便动弹不得。不过这时如果猎鹰吃掉了雉鸡，之前的辛苦就全部白费了，所以养鹰人得赶快先找到猎鹰的落脚处。如果看到猎鹰不懂得留下猎物，正在撕扯雉鸡，就给它吃鸡肉，再小心翼翼地藏起雉鸡。因为猎鹰吃了太多雉鸡，就不想再打猎了，所以给它吃的是鸡肉，而非雉鸡。可以说，抓雉鸡这件事上，人类算是"渔翁得利"。

形似马耳的马耳山

鹰牌上写着主人的名字和地址

● 雉鸡的习性与意义

雉鸡是韩民族很熟悉的动物，它们在民画、神话、俗语和板索里[①]中经常作为主角登场。雉鸡公母、年纪不同，名字也不同。颈部有白线的公雉称为"将鸡"，身材娇小的灰色母雉称为"加图里"，还没长大的雏雉称为"哥儿冰"。

雉鸡主要生活在亚洲地区，全世界约有190多种，不过论及色味都不如韩国的高丽雉鸡。将鸡羽毛五颜六色，十分美丽，象征文人"五德"。雉鸡不同于其他的鸟喜欢绕圈盘旋，而是笔直朝前飞，象征气节。所以，古代韩国人喜欢雉鸡并不只是源于它的味道和营养价值，还将它视为吉兆、天庭之鸟。古代王妃最高规格的大礼服上绣着雉鸡，高宗皇帝的皇后身上的翟衣足足绣了154对雉鸡，分12行，全是一针一线手工绣制，象征着白头偕老。

雉鸡性急，人类刚开始养殖时没有经验，常有雉鸡逃到山上，或撞头死伤，饲养起来十分困难。母雉对鸡蛋占有欲强烈，下蛋后把蛋揽在怀里不肯放，趁这时小心接近，雉鸡就不会跑，抓鸡的同时还能拿到蛋，韩国就有"吃了雉鸡又吃蛋"（一举两得）的俗语。

将鸡

加图里

[①] 韩国的一种传统清唱艺术。

● 山谷里的雉鸡餐

　　韩国人用来形容程度高时，常说"茂镇长"，其实是茂朱郡、镇安郡、长水郡三个地名的简称，此地拥有"山太极水太极"（山水环绕形成太极模样）的地形，自古以来以风水宝地闻名，不仅适宜人居，也很适合野生雉鸡生存，这里的雉鸡蛋白质含量高，是山里人餐桌上珍贵的进补食品。

　　把整只雉鸡放在巨大的铁锅里，煮沸水蒸鸡。几只雉鸡就能摆出一大桌子菜，够全村人吃了还有剩。雉鸡熟透后捞出，小心剔出鸡肉，剩下的骨头再拿来熬汤。骨头熬得酥烂的雉鸡汤味道浓郁，拥有一股其他肉类或鱼类都无法比拟的独特风味，很早以前就被韩国人用来煮年糕汤。碗里盛好年糕汤，放上调料和搅拌入味的鸡肉作为码菜，一道丰盛的雉鸡年糕汤就做好了。

　　雉鸡生活在山里，野性强，与一般鸡肉的味道截然不同，几乎没有油脂，相当清淡，吃过雉鸡的人多认为雉鸡肉比鸡肉更高级。雉鸡肉与其他家禽相比，肉质不干涩又耐嚼。把雉鸡肉切细，放入各种蔬菜，还可以做成饺子馅，用来做饺子蒸着吃。雉鸡饺子是韩国顶级的饺子，不仅美味，还拥有悠久的历史。

韩国人自古爱吃的雉鸡年糕汤

可享受雉鸡汤清淡美味的另一道菜是"雉鸡汤锅"。用雉鸡熬汤时，一般连骨头一起下锅。连肉带骨熬出来的汤，味道更浓郁，营养也更丰富。雉鸡汤中加入萝卜一起熬，吃下去通体舒畅，有感冒征兆时喝上一大碗，比什么药都管用。

● 雉鸡肉的功效

韩国人吃雉鸡肉的历史恐怕要追溯到开始打猎的很久以前，不过从有关雉鸡肉的记录来看，它和王室的渊源尤深。鹰猎盛行的年代，镇安雉鸡便以高品质闻名，作为地方特产定期向朝廷进贡。从这里出产的雉鸡肉每天被端上国王、王后、太子和太子妃的餐桌上，有时连宫女也能吃到。王宫里的人为什么爱吃不太常见的雉鸡肉，而不是鸡肉或其他肉呢？

朝鲜时代的国王缺乏运动，多半患各种中老年病，因此十分重视健康，甚至在御膳房内设御医，专门负责管理食材。因此御膳中会使用脂肪含量低的雉鸡肉，作为必不可少的食疗用食材。

"患消渴症，口渴多饮，小便频数，取一只雉鸡，加盐与大酱熬汤服用。

腹泻痢疾，连日便意难忍，取一只雉鸡加橘皮粉、大葱、山椒熬煮后服用。

出现痔疮征兆时，下血不止，全身乏力，可吃雉鸡肉。

雉鸡肉切丝加面粉、盐、山椒，和面做成年糕。"

——《食疗纂要》

不仅如此，从营养学的角度来看，雉鸡比鸡鸭的蛋白质高出两三倍之多，还含有大量人体必需氨基酸，脂肪含量却很低。

从很早以前开始，雉鸡就是重要的进补食品，在传统医学中，雉鸡也具有非同寻常的意义，老韩医一定会针灸，针灸筒中一定少不了雉鸡羽毛。所谓"九顾一啄"，就是指针灸前老韩医会拿着雉鸡羽毛慎重地找准病因再下针。

● 雉鸡御膳

宫廷里常吃雉鸡，烹饪法也十分多样，其中最受欢迎的大概是烤雉鸡。韩国有句谚语"吃完烤雉鸡的地方"，用来形容好吃的东西，吃过后一点痕迹都不留。不过雉鸡肉一碰火就会收缩，还会变硬，要想烤得好吃并不容易。宫廷里用韩纸这种特殊方法来烤雉鸡。这种烹饪法叫"全雉首"，用韩纸蘸水严严实实地包住整只雉鸡，肉中的水分不会流失，接着一边烤一边不停地往纸上抹水，水能导热，可以让雉鸡均匀熟透。整个过程非常费工夫。烤得半熟后撕掉纸张，涂抹油酱，让鸡肉入

《食疗纂要》

雉鸡肉不仅是食物，也是药

味。这种先烤好再调味的方法，能防止鸡肉因盐分变硬。美味的烤雉鸡不仅费心思，还充满了智慧。不仅如此，宫廷里还用雉鸡肉做成酱鸡肉等多种食物，充分享受它的美味。雉鸡肉平民百姓爱吃，王室也爱吃，广受欢迎。

【干雉】

韩国人用雉鸡肉制作肉脯。将柔软的鸡胸肉切成薄片，倒入酱油和白糖腌制，再加一点胡椒粉，用手抓揉，确保入味。接着把雉鸡肉放在柳条筐上，一片一片地风干。雉鸡肉脯比牛肉脯口感更柔软，味道更鲜美，村民打猎时常带在包里充饥，也可以稍微拌酱用来下酒。

【冻雉】

雉鸡肉也能生吃。雉鸡去掉鸡皮和内脏，扔到雪地里，冻上一天，冻得结结实实，接着用锋利的刀切成薄片，直接生吃。冬天容易捕到雉鸡，因此开发出这样的做法，做好收起来还可以慢慢吃。冻过的雉鸡生肉蘸辣味调料酱吃，十分爽口，风味一流。

黄桥益的味觉专栏

雉鸡, 鸡肉无法取代的膻味

野生禽类膻味重, 雉鸡亦是如此。

养殖的雉鸡膻味较淡。不过养久了的老鸡膻味也很重, 野生雉鸡的膻味大概也是因为生长时间久才出现的。养殖雉鸡为了减少饲料费, 长到一定大小就抓来吃, 所以才没有膻味。

以前人们在冬天才抓雉鸡。积雪天雉鸡会到民家附近来找吃的, 这时在旁边伺机抓住就行。抓到的雉鸡扔到雪里, 可以吃上很久, 雪正好充当了冰箱的作用。雉鸡在雪里很容易熟成, 熟成后的雉鸡肉细嫩香甜, 更具风味。

韩国人自古常吃雉鸡, 我们现在吃到的雉鸡料理和当时差别很大。以往雉鸡多为野生, 膻味和肉香都很浓郁。"现在、这里"的人受不了雉鸡的膻味, 却还念叨着"以鸡代雉"(退而求其次), 真有意思。

青山岛

——慢之味，慢之美

全罗南道

青山岛

⬤

青山岛天青、山青、水也青，
　　任微小柔弱的生命
　　　　恣意生长。
　　想摆脱城市的烦闷，
　　想要放慢生活节奏，
　总会怀念起她的风景 。

　昔日美景被完好封存，
　仿佛连时光也不忍触碰。
是追求养生和悠闲生活的人们
　　敲开了她的大门。

多岛海的万顷碧波围绕之下，
　赏慢步之美，品慢步之味。
　　慢节奏非本意，
　　而是迫不得已。

⬤

● 密密麻麻的"素比索力"和不舍之情

　　青山岛一直与文明绝缘，直到1993年，韩国最有名的电影导演林权泽在这里拍摄了电影《西便制》而一夜成名，其中一幕令人印象深刻，主人公"俞本"一家人手舞足蹈唱着板索里，背后有石墙，脚下是大蒜田和油菜田，这就是青山岛的景点——黄土路。电影里，父亲背着包袱，女儿身着白色韩式上衣和黑色筒裙，两人清唱板索里《珍岛阿里郎》，儿子在一旁敲鼓，曲调丰富。对外地人来说，"西便制路"是欣赏美景的好去处，但于当地人而言，这不仅仅是一条路，更是人生轨道。也许这条路正是因此而独具魅力，也许林权泽导演也是感受到它的深情，而看中了这条路。

　　青山岛屹立于朝鲜半岛的最南端，这里海涛汹涌，时常狂风大作，风浪凶猛时，海女只得周旋在近海潜水抓海鲜。因为这里的大海脾气古怪，所以人迹罕至，也因此而保留了大片的清净海域。

　　岛上设有"石防帘"，是为捕鱼砌成的海岸石墙，不过石防帘上长满了海青菜和鹿尾菜。只怪天公不作美，大海不肯给当地送来值钱的鱼，青山岛人也早早放弃了渔业，不靠海，而选择了农业。虽是岛屿，但八成岛民都耕地为生。其实这里也曾有过渔船满载而归的美好记忆。

　　20世纪60年代，青山岛海域可谓"黄金渔场"，还被政府指定为渔业前沿基地，青山岛的关口道清港天天开海上鲜鱼集市，卖青鱼和马鲛鱼，人声鼎沸，热火朝天，渔民挥舞着旗子，尽享富足。然而，随着捕鱼技术的发展，南海地区拖网渔船拥入青山岛，渐渐地，青鱼、马鲛鱼枯竭了，鱼群没了，渔船也走了，青山岛海域便荒废了。没了鱼，人去岛空，人口锐减，繁荣不再。

所幸大海还有"厚道"的海藻。城里人吃海藻是因为有益健康，青山岛人吃海藻则是因为别无他选。硬的海藻煮着吃，嫩的海藻洗净后做凉拌菜来吃，剩下的用来煮饭、煮汤，补充食材不足的缺陷。海藻中的鹿尾菜适合给成长期的孩子吃，海青菜有益于抽烟喝酒的大人，当地人能过上自给自足的小康生活，还是得感谢大海。那段日子没有其他吃食，当地人吃海藻吃得发腻，回头说起来不过是一段往事，却也难掩悲伤之情。

海女长时间憋着气，再难受也要多采一点海鲜，才肯浮出水面。她们下海时憋住满肺部的气，最后一口气吐出来，发出独特的声音，称为"素比索力"，充满了生命力。青山岛近海上四处响着"素比索力"，那是海女的生命力，她们捕捞的是"人生"，靠讨海养家糊口。与惊涛骇浪作战的海女们年轻的五十多岁，年长的已过七旬，可惜后继无人，没有年轻人想当海女。海女不背氧气筒在大海里来回，与凶狠的大海拼命，想必在年轻人的眼里，这是一份苦差。

● 贫瘠土地上的大麦田

足够顽强的家伙才能在不毛之地成长。对青山岛农民来说，大麦是躲不过的现实。青山岛没有农忙农闲之分，即使是严冬，有土、有抗风抗寒的种子，农民仍坚持耕地，他们的妻子也总是忙着收获、贮藏和做菜。每当秋粮将近，青山岛的餐桌上常出现能耐严寒的作物，其中大麦最具代表性。

大麦富含维生素 B 和纤维质，能预防肥胖和中老年疾病，抵抗春季沙尘天气，缓解春困症。不过当地妇女可不管这些，只知道遵循自然规律，能种什么就吃什么。虽然想吃大米，但到了春天，青山岛上还是种满了大麦。难怪当地人说，"青山岛姑娘嫁出去前难得吃上一斗大米"。

"炕板石稻田"是指山坡地上的稻田。先将石头砌成台阶状，每一层用大大小小的石头铺平，再铺上泥土。青山岛上大部分稻田是炕板石稻田，这里石头随处可见，但缺水缺土，当地人为了多生产一粒米，汇集智慧垒成了炕板石稻田。贫瘠的岛屿上连耕耘机也开不进去，看着这样的稻田难免让人心酸。

● 青山岛春野菜

生机盎然的春天，岛上一个个小生命都探出头来，为岛民的餐桌增添色彩。当地人凉拌山野菜时，一定会放黄豆粉或野芝麻粉。黄豆粉的香味和蛋白质不仅带来丰富的营养，还能让山野菜吃起来不那么硬。山野菜虽然简单，却也体现着生活的智慧。

【野油菜】

新历 12 月是农历冬月，当地人播种油菜花籽。油菜花籽抗寒能力强，不会冻死。野油菜叶用大酱拌着吃，别有风味。

【大麦笋】

有的大麦笋鲜脆爽口，有的则细嫩香甜，如春天新发芽的山野菜。取适量焯熟后，用冷水冲洗，再加甜辣调味料拌匀。也可以将蒸好的大麦笋稍微放凉，加大酱、大蒜、芝麻、糖稀和黄豆粉拌匀。还可以加入大酱，煮成美味的笋汤。

【蜂斗菜】

蜂斗菜是一种香味独特的地产香草，富含纤维质和钙质，可预防便秘和骨质疏松症，传统医学认为，它还有健胃护肠的功效。冬天胃口不佳，略带苦味的蜂斗菜可以增进食欲。蜂斗菜的嫩叶还适合用来包饭吃。

● 烤鲍鱼的"海女之家"

鲍鱼一年只长1厘米，生长速度十分缓慢。因为长得慢，所以肉质紧实，颇受礼遇。鲍鱼含有多种矿物质和维生素，被

大麦是贫瘠的青山岛上重要的食材

视为"海中山参"。鲍鱼是青山岛海女的重要经济来源。一走进"海女之家"餐厅，烤鲍鱼的香味扑面而来。珍贵的鲍鱼到了海女的手里，整只烤着吃，也算是海女的"小确幸"吧。

【烤鲍鱼】

鲍鱼用小刷子洗净，打花刀后抹上麻油烤。鲍鱼肉质坚实，得加上调料，搭配花刀才能入味。鲍鱼含有大量的高级蛋白质，以及极少的脂肪，很适合搭配麻油。

【海兔】

海兔是一种软体动物，以海青菜、裙带菜和石花菜为食。要反复用力揉搓洗净，才能彻底排出它体内的废物和海水。取新鲜海兔在粗糙的地上摩擦，里面的白肉露出来，便可享受到它特有的甜味。

【青山岛汤】

将各种海鲜切成合适的大小，用酱油翻炒提味，再加谷粉和水后煨汤，这是一种青山岛的传统食物，当地人春荒时用来填饱肚子，被其他地方称之为"杂面糊糊"，"吃杂面糊糊"逐渐演变成一句俗语，用来形容艰苦的生活。

近年来，"慢饮食"（Slow Food）非常流行。通常认为，慢饮食吃的都是大菜，费时费力。其实，青山岛菜才算得上是真正意义上的慢饮食吧。

柳条筐里简单朴实的青山岛
田头餐

烤鲍鱼

青山岛致力研发饮食，以配得上"慢城市"（Slow City）的名头。遵循传统方式的同时，为菜式加入鲜艳色彩，比传统食物更加精致。因而，春荒时期当地人吃过的"海兔汤"也摇身一变成为美食，重新发掘出青山岛传统饮食的价值。就像炕头上的自家菜，改头换面呈现在世人面前，在当地人的巧手下成为披上嫁衣的少女，颇像回事。

● 慢生活就是青山岛的传统

"草坟"带着生者舍不得送走亡者的思念。除青山岛外，附近的芦花岛、浦吉岛也有草坟的文化，但经过新农村运动

祥瑞里石墙路

后，只剩青山岛独守传统。对城里人来说，"草坟"之类的传统丧葬方式十分陌生，但对青山岛人来说，再平凡不过。

"草坟"是一种葬礼习俗，先做一个临时的衣冠冢，过一段时间后洗净遗骨，再由亲人办丧事。当地人认为，为父母操办丧事是子女的孝道。青山岛渔民多，男人一出海得一个多月才回家，出海期间，万一父母突然去世，儿子还没回来就下葬，当儿子的会舍不得，于是先做一个衣冠冢，等他回家了再办丧事。久而久之形成了独特的丧葬文化。青山岛人对一切离去的事物都满怀不舍，也许正因为如此，青山岛的时间总是走得慢吞吞。

青山岛的石墙路格外优美，美丽的祥瑞村石墙路还被指定为文化遗产。青山岛是亚洲首座"慢城市"，它的魅力大概来自当地人的从容姿态，是他们把贫瘠生活升华为悠闲慢生活。韩国被指定为"慢城市"的除了青山岛，还有新安、莞岛、长兴、潭阳、礼山。

黄桥益的味觉专栏

大麦饭，勉强的眼泪

单吃大麦饭，味道粗糙，味道也不那么好闻，带着一股草青味。俗话说"稻谷越熟越低头"，但大麦并非如此，也许它还带着绿草的倔强，煮成饭后也不消失。韩国人靠大麦饭熬过了困难岁月，粗率正直的个性也融进了大麦饭里。

吃大麦饭要加上青菜和大酱拌着吃。做大麦拌饭的量特别大，是平时饭量的一两倍之多，用的碗也很讲究，得用大铜盆。拌好后舀上一大勺，张大嘴，大口大口地塞进去，撑得满涨，以至于压到泪腺，逼出几滴眼泪。

也许我们并没打算缅怀祖先熬过春荒的不易，但这几滴勉强的眼泪，足以让我们对大麦饭肃然起敬，顺便思考对大麦饭的感情，以及我们的人生。

寺庙斋饭

——取自自然，发自内心

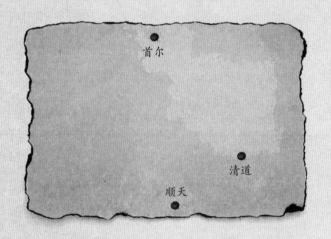

◉

时代变迁，
生活天翻地覆。
一分钟的速食饭，三分钟的速食汤，
我们逐渐习以为常。
在这个只求更快、更便捷的世上，
饮食文化、烹饪法的变化也在所难免。
还有一个地方遵循自然之道，
坚守传统韩餐的美味和美丽，
那就是寺庙。

做起斋饭，一步都不得马虎，
学习艰难的等待，忍受烦琐。
取自当地产时令的植物，
不必担心健康。
心怀感激，
吃一顿蕴含大自然的斋饭，
它的美，它的味，
让人不知不觉沉醉。

◉

● 斋饭的起源

佛诞日，曹溪寺的法会仪式在肃穆的气氛中开始，所有人虔诚祈祷。寺庙僧人心怀感恩准备了斋饭，愿与众生分享韩国的传统美味。韩国人看到斋饭丝毫不觉得陌生，因为斋饭本就是韩餐的根基。

斋饭的起源可追溯到佛教传入的三国时代。佛教普及之后，严禁杀生和肉食等的佛教戒律影响了朝鲜半岛的饮食文化。佛教在统一新罗时代和高丽时代达到鼎盛，成为国教，素菜为主的饮食文化大大发展。佛教受到王室庇护，以上流阶层为主推广开来，带有贵族性、护国性，这样的特点又影响了斋饭。佛教不杀生，排斥动物性食品，因此开发出各种素食。随着佛教"献茶式"的盛行，茶点文化也取得发展，用米粉或面粉，加蜂蜜、油、酒煎炸的"油密果"十分流行。

朝鲜王朝时期，佛教渐衰，太宗听取了议政府关于佛教腐败现象的告发，没收了寺庙的土地和奴婢，推行全面遏佛的政策。大型寺庙移至山上，和尚住进山里，开始吃山野菜。一开始，他们不太了解山野菜，后来通过观察野生动物的饮食，得到启发，山野菜得以入菜和入药。

曹溪寺莲花灯

参加法会仪式的人

●　　　救度饿鬼的宽仁佛心

　　凌晨三点，礼佛仪式开始，道阳僧敲木鱼唤醒沉睡的万物，肃然虔诚中开启了寺庙的一天。礼佛仪式一结束，寺庙的厨房供养房里开始忙着准备足有 200 份的早餐，但整个过程有条不紊。在寺庙里，煮饭、烧汤、切泡菜都是修行的一部分，做早餐也充满了虔诚感。斋饭里不能放葱、蒜、韭、蓼蒿、芥等"五辛菜"，以修行者的虔诚取代调味。

　　佛教中"供养"是吃斋饭的意思，先将虔心准备的饭菜供佛，之后再自己吃，感悟佛恩，牢记不忘。修行者身着长衫上衣打坐，钵盂置于面前。满怀虔诚打开钵袋是钵盂供养的第一步。钵盂是僧人盛斋饭的容器，分为盛饭的头钵、汤钵、菜钵及清洗钵盂的清水钵。

　　准备好钵盂，还不能马上开饭。大众先打开钵袋，待"入僧"敲打竹棒后，双手合十齐念"十念佛"，感谢佛、法、菩萨的恩德，接着各人按自己的饭量盛好饭菜，对食物念"偈颂"——"五观偈"，这是信徒临斋食前应做的五种观想。简单来说，所谓"五观"是指思量供给食物的大自然和人；思考自己有多少福德受此供养；抛弃贪心；视食物为良药；决心

凌晨供养的基本原则是恭敬

照自身需要取饭菜放进钵盂

努力修行以示感谢。佛认为，吃不仅仅是简单地填饱肚子，而是与看不见的鬼，以及所有挨饿的众生一起分享。

吃完饭后，把洗勺筷和钵盂的水倒进清水桶。钵盂里的东西一定要吃光喝净，最后倒掉的只有清水。清水桶是为"饿鬼"而设，所谓"饿鬼"，是指饿肚子的众生。佛教徒认为，清水桶拿走之前，天花板上的佛经投映到清水中，可以求佛祖救度饿鬼。

约一小时的钵盂供养结束后，大众面前放着钵袋，与供养开始前一模一样。修行者虔诚地吃完碗中的饭菜，洗净钵盂，再静默地喝完涮钵盂的水，整个过程庄重肃穆，令人屏息，见识过供养，恐怕很难将斋饭简单定义为无肉、无五辛菜的素食。

● 不劳不食

虎踞山、加智山、琵瑟山如莲花般层层叠叠，云门寺正位于花心的位置。云门寺建于新罗真兴王时代，如今有 200 多名尼姑在这里学习，是一所佛教大学。云门寺严守"不劳者不得食"的戒律，修行者除了学习以外，所有时间都用于"蔚力"。"蔚力"是指一群人共同做体力劳动，其中包括摘山野菜。"蔚力"又称"云力"，意指多人齐心如云彩聚集一般。大家通过"云力"，共同收获云门寺周围大自然的馈赠。

● 摘艾蒿的修行

"蔚力"众多的云门寺内单靠一日三餐不够填饱肚子，需要补充点心。春日艾蒿富含无机物，可以补充元气，适合用来做点心。云门寺人摘取大量艾蒿煮熟后收进冷冻库，方便随时食用。他们洗艾蒿时小心翼翼，轻轻地冲水，生怕一不小心伤到了艾蒿里的小生命。不像我们普通人洗菜时都会尽量冲洗，担心洗不净残留的农药。焯完艾蒿剩下的热水，他们也不会直接倒掉，而是加冷水后一点点倒出。他们认为，倒掉热水也是一种杀生，细菌和微生物突然碰到热水会被吓到。所以，将热水与冷水混合后倒掉，才不会惊吓其他生命。

【艾蒿蒸糕】

艾蒿洗净去水，加入米粉和盐拌匀后放进锅里蒸就做成了简单的艾蒿蒸糕。艾蒿不易腐败变质，可以放上一段时间再吃，很适合做点心。

【艾蒿刀切面】

将用臼捣碎的艾蒿与面粉搅拌，做成绿色面团，再切成面条，做成艾蒿刀切面。面条被称为"僧人的微笑"，是僧人喜爱的食物。用香菇和海带煮汤底，再下面条就可以上桌了。

参与"蔚力"的云门寺僧人

山花也被做进斋饭

● 斋饭和腌渍菜

　　斋饭重视原味，原味就是大自然。岁月变迁，食物也发生了很大的变化，但斋饭仍坚持在大自然中寻找食材，坚守传统。庭院里可以寻见对中风和糖尿病有疗效的刺桐芽，以及沙参、桔梗、马蹄草、茴芹、牛蒡等各种食材。

　　一提起牛蒡，一般会联想到泡水喝的牛蒡茶，其实牛蒡叶还可以做成腌渍菜。腌渍菜是韩国餐桌上少不了的菜，尤其受到僧人的喜爱。随着佛教在韩国的传播，素食大大发展，酱类也更加普及。素食中缺少肉类和鱼贝类的风味，因此添加大酱、酱油、辣椒酱等酱类来增添风味。做泡菜和腌渍菜也是同样的道理。刚开始只有寺庙里这么做，后来信徒学着在家里做，创造出各式各样的配饭小菜、泡菜和酱类等。腌渍菜是发酵食物，做起来需要不少工夫。做辣酱腌渍菜时，先沥干蔬菜中的水分，防止腐坏；做酱油腌渍菜时，先用蘑菇、海带、辣椒、生姜煮成汤底，放凉后加入汤用酱油，咸度适中，清爽又有层次感。

　　僧人专注于修行，很难每餐饭都现吃现做。晚春时节，他们利用遍地的自生植物和天然酱料，腌制成各种腌渍菜，吃上一整年，以集中精力修行，这就是寺庙腌渍菜文化发达的原因之一。随着时间的推移，腌渍菜更加入味，正如僧人在漫长、艰难、曲折的修行后得道。就这样，腌渍菜味道渐渐深入人心。

● 仙严寺的清晨

梵钟敲响，静谧的寺庙迎来破晓，还未剃度的出家行者在供养房里忙了起来，他们的任务就是在供养房干活。供养房要干的活分三个部分，菜供——指做精致的小菜；羹头——指煮汤；供养主——指煮饭。如此细致的分工，是为了让行者一心投入干一件事，这就是修行。供养准备就绪，行者一丝不苟地将饭菜端到供养室，提供给僧人。供养房灯灭后，行者在一旁默默观望僧人的供养。

仙严寺位于曹溪山山脚，已有上千年的历史，以戒律严格闻名，从另一个角度来说就是坚守传统。寺庙里，准僧人行者负责打理一切杂事，其中包括管理菜园。他们自耕自种，从中感悟蔬菜的重要性，这也是修行之一。菜园里没有吃的东西，就上山觅食。做菜的手艺由行者传给另一名行者，再传至下一个行者，内容包括当季食材、烹饪法，以及各种食材的特点。容易困乏的春天，吃凉拌香菜非常管用，这也是他们慢慢学会的本领。传授斋饭的过程，就是行者的修行过程。正如做萝卜泡菜时不需放水，熟成过程中，萝卜会自然出水一般，再理所当然不过。

做好的腌渍菜有助于僧人修行　　钵盂内装多少吃多少

"若欲脱诸苦恼，当观知足。知足之法，即是富乐、安稳之处。知足之人，虽卧地上，犹为安乐；不知足者，虽处天堂，亦不称意。不知足者，虽富而贫；知足之人，虽贫而富。"

——《遗教经》

黄桥益的味觉专栏

斋饭，钵盂里麻子的手指头

有一个佛教故事，说的是一名和尚上街化缘，来到一个麻子家。麻子盛饭给和尚，不小心把自己的手指头伸了进去。和尚吃饭时便把手指头也一并吃了下去。因为这是戒律，钵盂里装了什么就得吃什么。

托钵化缘是佛教传统。和尚要得道救众生，要专注修行，顾不上吃的，于是由众生为他准备吃食，毕竟众生要托和尚的福才能受到救度。

可惜众生与和尚间的美好关系，在如今的韩国佛教中早已无迹可寻。现代意义的斋饭虽然无肉且不用五辛菜，但有时候竟比俗世的饭菜更加华丽，令人怀疑是不是真正的修行菜。

斋饭不过是钵盂里麻子的手指头。南无阿弥陀佛。

潭阳笋餐

——生机盎然的竹林之味

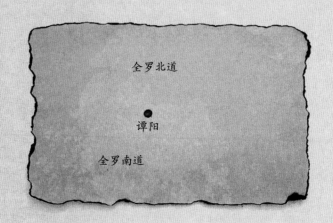

全罗北道

●
谭阳

全罗南道

⦿

文人之乡潭阳，
竹子随处可见。
笔直刚硬的竹皮下，
蕴含着清新的韩国味。
竹香幽幽，
笋餐鲜甜，
引人入胜。

健体清心的竹子，
精髓在于笋。
笋成就了潭阳的传统菜，
带着强悍的地气，
散发出清幽的香味。
和满怀真诚的刚强。

⦿

● 来自"文人之乡"潭阳的竹笋

"潭阳"二字仿佛自带竹香。每年 5 月,新春竹林内春笋纷纷萌出,浓缩了土地的精气,即所谓"雨后春笋"。竹笋决定了竹子的宽度,一根笋长成一根竹子,高度增加,但宽度保持不变。竹笋在地里时,竹节短小,破土后不断生长。竹笋的生长不是在树枝上,而是在树根上。挖笋时,要先拨开旁边的土,用手硬拔一不小心笋就会断掉。

《三国史记》记载,韩国学者崔致远从唐朝回新罗时,引进了竹子。《东国李相国集》记载,自新罗时代起,各家庭院里开始种竹子。另有文献记载,从朝鲜时代起,竹笋被用于进贡朝廷。推算起来,也许韩国人更早就开始吃竹笋了。竹笋受到东亚各国的喜爱。在中国和越南等地,竹笋是非常重要的食材,日本人还习惯吃竹笋配裙带菜。

潭阳竹林自古被称为"金林"。当地竹工艺品很受欢迎,拉动了地区经济的发展,因此竹林是名副其实的"金林"。潭阳还是"文人之乡",郑澈、宋纯等大文人在这里留下了深厚的韩国歌辞文化,以正直刚强的文人精神闻名。据说当地的竹

竹林中破土而出的竹笋

竹笋是竹子的嫩芽,也是竹子的根

叶茶是文人用于调节身心的饮品。取新鲜竹叶，放在铁锅里翻炒，直至青色渐淡，香味渐浓，然后置于向阳处风干，泡成味道清雅的竹叶茶。竹叶还可入药，有清热静心的功效。

● 笋餐的力量源泉

每年5月，潭阳举办大型集市，集市上的竹笋自然是人们的首选。人们热爱竹笋最重要的原因在于竹笋有益健康。竹笋在土里待上好几年之后才破土而出，萌出后生长迅速。《东医宝鉴》中记载，竹笋具有滋阴排毒，清热益气的功效。竹笋还富含钾等无机物与蛋白质，在植物中十分罕见，水分含量更是高达90%。竹子是世界上长势最快的植物，它的生命力便来自竹笋。竹子坚韧耿直，竹笋也同样刚强，有着极硬的纤维质，得先煮透才能做菜。采笋时，顺便摘一点竹枝作柴火，火力极旺，可以一举两得。

【笋烧黄鱼】

先铺一层笋片，放上黄鱼，加入大葱、大蒜、辣椒粉等一起炖，营养丰富的红烧笋餐就出炉了。

【拌笋干】

笋干加传统酱油调味，再放入野芝麻粉和蒜泥轻轻搅拌，接着放进锅里翻炒，加调味料和各种切好的蔬菜，撒上野芝麻粉。

【辣拌笋片】

辣拌笋片是春季最好的开胃菜，酸辣清爽。将笋片和黄瓜、韭菜等多种蔬菜切片切丝，用辣椒酱搅拌即可。

【福笋包饭】

生菜上放一片竹笋，再放上米饭和一撮马蹄草，包在一起吃，形似福袋，又有益健康。

● 竹盐与竹沥，宗家酱味的美味秘诀

柳川村距潭阳中心仅两分钟车程，是昌平高氏的聚集地。这里有世代传承的竹林，已有三百六十年的历史，还有美味笋餐的秘方。

美味笋餐的秘诀是竹盐。选用三年树龄的成熟竹子，泡出竹子中的有益成分，做成竹盐。将宽度适中的竹子，沿竹节切开，在竹筒里塞进天日盐后放进窑里烤制。火不能太旺也不能太弱，而且得维持二十四个小时。近年来，制作竹盐时一般会烤三次左右，有特殊用途时，会烤上六次左右。

古代韩国人不仅做出了竹盐，还提取竹沥入药。提炼竹沥的过程十分繁复。将竹子放进缸中，用泥土连缸密密裹住，要形成真空，才能提取出没有杂物的纯竹液。接着把泥缸放入火窑，窑里塞满粗糠点火，烧一个礼拜，缸里的竹子会流出黑色液体，这就是"竹沥"。10棵竹子只能取出3升的竹沥，算得上是竹子的"精华"《东医宝鉴》中记载，竹沥是一种常备药，可以治疗糖尿病和中风。竹沥的药用价值至今备受肯定，它含有300多种成分，其中抗菌抗衰老的多酚，有助于预防中老年疾病。

【笋炖牛肋排】

笋与肉一起做菜时，一般会加入糖稀，既可以丰富肉味，还能让肉质更柔软。筋道的牛肉和鲜脆的竹笋是绝配，肉中的蛋白质和笋的纤维质也很相称。

【竹筒饭】

竹筒不仅是做竹盐时的道具，也是竹筒饭的餐具。做竹筒饭时，放的水量要比平时少，因为竹子本身含有大量水分。竹筒饭竹香浓郁，味道独特，而且会浸泡出竹沥，这是竹筒饭的最大优势。

竹盐制作过程

● 为孩子做的笋餐

据说，人的口味在十岁前决定。想要懂得欣赏自然的美味，就得从小开始享受自然的味道。近年来，专家研发出给孩子吃的笋餐。竹笋有益于孩子大脑和身体的发育，但纤维质可能不利于消化，因此最好煮熟后再做成其他料理。

【竹笋鲍鱼卷】

富含蛋白质和维生素的鲍鱼和新鲜竹笋十分相配，加上切丝的青椒等，再用小葱系起来。这是一道营养丰富的小菜。

【竹笋九折板】

先准备包括竹笋在内的九种颜色的蔬菜切丝，用面饼分别包好，再用大面饼全部包起来，接着像切紫菜包饭一样切成一段一段，每一段面饼都能看到绽放的"蔬菜花"，颜色艳丽，令人食欲大增。

竹笋和肉很相称　　　　　新式笋餐

黄桥益的味觉专栏

柔嫩却森凉的竹笋

竹子是草，也是树，中空外直。在竹节上穿洞，可变成乐器，剥尖竹节末端，又化身武器。因为竹子的两面性，竹林总给人一种森凉阴冷的感觉。竹林不仅仅是天然之林，更是人文之林。

竹笋是还没长大的小竹子，便已拥有竹子的清凉感，强中带柔，似甜非甜。想要做出笋餐感受它的清凉感，就不能下太重的调味，最好只放些许的盐，少油小炒即可。加入大蒜和辣椒粉，看似阴阳协调，实则凉不抵温，只剩下不软不硬的草茎。

竹子一般用来形容"刚直"和"贞节"。其实，它的森凉终归是柔嫩，做菜时不小心呵护，极易泯于他味。

参鸡汤

——款待贵客的盛宴

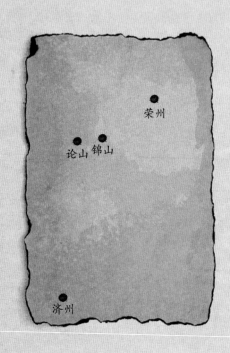

荣州

论山 锦山

济州

●

热浪滚滚的盛夏，
参鸡汤是韩国人必吃的菜肴。
每逢三伏，
稍有名气的参鸡汤店都大排长龙，
为了吃一碗参鸡汤，
有时得等上一两个小时。

参鸡汤各地都有，样式不一，
贯穿韩国人的一生。
为健康着想，用心熬制，
正是先祖的饮食哲学，
为我们留下宝贵的遗产。
夏天的一碗参鸡汤
滋养身心。

●

● 一路陪伴的"消暑汤"

鸡，是破晓迎晨的吉祥动物。古谓"鸡有五德"：高耸的鸡冠象征高官——文；铁甲般的鸡爪象征坚韧不拔——武；敌人面前不怯象征大胆勇猛——勇；分享吃食的特性象征宽厚仁慈——仁；清晨鸡鸣象征信念——信。鸡还化身参鸡汤，陪伴韩国人抵御酷暑，这是鸡的最高品德——无私奉献。

参鸡汤，顾名思义，是放入人参的鸡汤。韩国人是从什么时候开始吃参鸡汤的呢？

新罗王朝又被称为"鸡林"，传说开辟新罗王朝的始祖金阏智诞生于树林中，在鸡鸣后被人发现，他也是庆州金氏的老祖宗。高丽时代坟墓里有鸡画，《本草纲目》里也有关于鸡的记录，可见韩民族很早以前就开始与鸡相处。朝鲜时代文献《圆行乙卯整理仪轨》里首次出现"白熟"（清炖鸡汤）的字眼。不过这里的白熟是指"陈鸡白熟"，并非参鸡汤。

参鸡汤有别于"白熟"，一般使用童子鸡，再加入人参、大枣等食材一起煮成汤，是一人份，而"白熟"则为多人份。现在两者差异不大，两个词可以通用。

● 参鸡汤的功效

每到一年中最热的三伏天，古代韩国人习惯吃狗肉、鸡肉或红豆粥来抵御炎热的天气。他们积累了生活经验，开发智慧，利用降火的狗肉和鸡肉，做成了"以热攻热"的食物。这些避暑食物还有辟邪作用，因而更受欢迎。其中参鸡汤"以热攻热"的效果已经得到科学实验的证明。

首先，让实验者运动，达到身处酷暑的效果；其次，测量实验者的体温，确认热量分布均匀；接着，让实验者吃参鸡汤后再次测量体温。结果发现，实验者身上呈现红色的高热部分都变成了蓝色，意味体温下降。实验证明，吃参鸡汤的确可以起到"以热攻热"的作用。喝下热汤后，浑身发热，毛孔扩张，促进汗水分泌，达到排热的效果，体温也随之下降。

鸡肉性温，人参也一样。两者搭配合理吗？韩国人夏天吃鸡汤降火，与人参一起吃，降火效果加倍。夏季天热，人的体表温度上升，内脏的温度则相对下降，容易引起腹痛、腹泻等，大伤元气。吃参鸡汤后，提升体内温度，驱赶炎热，鸡和参都属于温性食材，补身滋养。参鸡汤可谓"药食同源"。

● 　丰基参与参鸡汤

韩国盛产的人参是参鸡汤中的主要食材，庆尚北道荣州市的丰基是韩国知名的人参产地。丰基位于小白山山脚，温差较大，当地土壤的通气性和排水性能良好，尤其适合人参生长。种人参不仅自然环境重要，种植也十分棘手，需要一定的日晒，但又不能直接暴晒；需要适宜的温度，但绝对不能过高。参田里需要搭设遮阳棚。人参充分沐浴自然的恩宠，享受参农的悉心照顾，过上六年才能收获。人参属于多年生作物，非一年就能长成，一旦有一年稍不用心，便会前功尽弃。辛苦栽培好的人参在 10 月底到 11 月初之间收获。最特别的一点在于人参会吸光土壤中的微量元素,种过人参的土地不能重复再种。

丰基参鸡汤的食材十分简单。只需一根手臂粗细的人参、一只鸡和少许大蒜和大枣,再加上适当火力的柴火即可。鸡和食材一起煮上四个小时,接着放进洗净的糯米,可供多人享用的丰基参鸡汤就做好了。汤和米正体现了韩国料理的宽厚仁心。吃完汤料,在汤底里加糯米煮粥,将一人份轻松做成五人份,耐心的等候换来了丰裕。

● 连山花岳里的乌鸡

连山由鸡龙山和天护山组成,如花瓣一般层层叠叠。从地势来看,天护山如同守护着鸡龙山一般,当地人也守护着不同寻常的"乌鸡"。人们总是分不清"乌骨鸡"和"乌鸡",常说的"乌骨鸡"其实来自日本,白毛黑骨。而韩国本地的"乌鸡",从骨头到鸡皮,连鸡爪都是黑色,被视为"养生鸡",各个部位都能吃。一直到朝鲜末期高宗皇帝时代,乌鸡都是朝鲜王室贡品,历史悠久。乌鸡性格凶猛,有"看门鸡"的外号,

搭好遮阳棚的人参田

人参要过六年才能收获

目前已濒临绝种，是国家天然纪念物。

把乌鸡、鲤鱼放入大铁锅里，加入人参六年根、沙参、大枣、大蒜，煮成"龙凤汤"。起锅后加入糯米、大枣、大蒜、小米、银杏等再煮一次，就成为另一道美味，也是滋补食物。韩国人一提到"龙凤汤"就想到鳖，其实正宗的龙凤汤放的是鲤鱼。龙、凤有翅膀和鳞片，鲤鱼带鳞片，较为相似。一尾鲤鱼，从头到尾有 36 片鱼鳞为上乘。鲤鱼除肝脏外，都能入菜。乌鸡要熬上三个半或四个小时才能变软，水一定要放够。龙凤汤的主角是高汤，汤料不过是配角，要喝汤才能达到滋补的效果。龙凤汤不是用"煮"，而用"熬"。古文献中记载，"汤"熬煎后可壮阳，可见"汤"相当于"药"。

● 济州岛馏鸡汤和婴鸡白熟

农历六月二十日，是济州翰林邑的"抓鸡日"。贫困年代，哪家人多养一只鸡就算有钱。当地人春天开始养雏鸡，待它长到中等大小便抓一两只来吃，全家人一起抗暑。"抓鸡日"当天吃的不是炖鸡，而是"馏鸡汤"。当地人煮鸡汤时一般放黄

妇女在田里劳作

韩屋门口的鸡

芪。济州不适合种人参，以前几乎买不到，后来随着人参零售业的发展，人参才不再难买。济州人在鸡汤中放黄芪代替人参，起到滋阴壮阳的作用。做馏鸡汤时，鸡里放入配料，鸡身上涂满麻油架在砂锅上，砂锅下烧水，以蒸馏的方式馏出浓汤，这样一来，在防止汤内混入杂物的同时，保留了营养成分。煮好后，拿起鸡肉，肉和汤分开吃。馏鸡汤好吃的关键在汤底，这是鸡、大蒜、黄芪和芝麻油蒸馏而成的浓缩液。馏鸡汤可暖身，补元气。大家一起吃的时候，适合做"白熟"。韩国人常吃的婴鸡白熟，古称"软鸡白熟"，一般采用童子鸡之类肉质较软的鸡。后来，借用英语的"Young"（音似韩语中的"婴"），开始称为"YOUNG鸡白熟"，也就是"婴鸡白熟"。婴鸡白熟只

连山乌鸡被指定为天然纪念物

放黄芪、糯米、大蒜、大枣熬煮。吃的时候，先捞起鸡肉，剔掉骨头，以方便食用，更重要的是剔肉鸡骨还可以拿来煮粥。

● 荣州七香鸡和小白山土鸡

韩国古文献里常出现"七香鸡"，也就是加入七种香料煮成的鸡汤。荣州地区山势险峻，生长着许多上等药材。鸡汤可以只放人参，但当地人认为药材多多益善，多次尝试下做出了七香鸡，这是智慧的结晶。先把七种药材熬上六个小时，再加入一只鸡一起熬，最后放入糯米和栗子，一道营养均衡的滋补汤就做好了。如今当地人在熬七香鸡时，还会用人参、大枣、橡子做成"生拌人参"，作为开胃小菜搭配着一起吃。延续传统的同时增添新意，更添风味。

小白山水库边是养土鸡的好地方。土鸡与普通鸡相比，鸡爪的抓地能力更强，脚腕更细，小小的鸡冠高耸，打起架来会拼上性命，因为一旦打架时流血，就活不长了。土鸡多为放养，肉量较少，但质地结实。药材熬成汤后放入土鸡，再加上黄芪、漆树根、高山沙参、珍参熬上两个小时，土鸡和人参的

济州岛的馏鸡汤

乌鸡白熟和龙凤汤

功效互补，葛根可以去除腥味。

　　韩国人为了补充元气，煮汤或做菜时常放人参。其实黄芪不亚于人参，可补元气，增强免疫力。刺桐有益于去除鸡肉的腥味，葛根不仅能抗衰老，还能改善肠胃功能，但火气大的人不宜食用。

款待贵客的参鸡汤全餐

黄桥益的味觉专栏

参鸡汤，抚慰身心的夏日滋补汤

　　韩国高中家庭课本上有"鸡参汤"的字眼，其实以前餐厅里都叫"鸡参汤"，后来为了强调它对健康有益，特意把"参"字移到了前面。虽然"参"字在前，但参鸡汤的味道中人参并不重要，最多带来一丝丝的苦和微微的甜，以及能消除鸡膻味的功用。

　　参鸡汤的味道在于鸡。鸡肉的味道好，参鸡汤味道才会好。餐厅里一般选用刚养了二十天出头的肉鸡来做参鸡汤。这种鸡用来煮汤味道远远不够，因此又放入干果调味，还用鸡爪熬汤加味。但是一到伏天，参鸡汤餐厅的门口总是大排长龙。人人都希望吃下一根手指头粗细的参，以及一只二十天出头的鸡，就能躲过整个夏天的闷热。

　　哪怕不过如此，多少买个安慰吧。